PRATIQUE

SIMPLIFIÉE

DU JARDINAGE.

On trouve cet ouvrage aux adresses suivantes:

A

Alençon,	chez	{ Bonvoust. { Madame Cuvigny.
Amiens,	—	Madame Darras.
Bayeux,	—	Groult.
Bordeaux,	—	Veuve Bergeret.
Caen,	—	Mancel.
Cambrai,	—	Hurez.
Cherbourg,	—	Boulanger.
Châlons-sur-Saône,	—	Dejussieux.
Clermont,	—	Landriot.
Dijon,	—	Lagier.
Laval,	—	Ronné-Tauvry.
Liége,	—	Lemarié.
Lille,	—	Lefort.
Lisieux,	—	Tissot.
Mons,	—	Leroux.
Nantes,	—	{ Forest. { Busseuil jeune. { Madame Busseuil jeune. { Mellinet-Malassis.
Orléans,	—	Rouzeau Montaut.
Provins,	—	Lebeau.
Reims,	—	Régnier.
Rennes,	—	Vatar.
Rochefort,	—	Veuve Laforest.
Rouen,	—	Frère aîné.
Tours,	—	Madame Vauquer-Lambert.
Valenciennes,	—	Giard aîné.

PRATIQUE

SIMPLIFIÉE

DU JARDINAGE,

A l'usage des personnes qui cultivent elles-mêmes un petit domaine, contenant un Potager, une Pépinière, un Verger, des Espaliers, un Jardin Paysager, des Serres, des Orangeries, et un Parterre ; suivie d'un Traité sur la récolte, la conservation et la durée des Graines, et sur la manière de détruire les Animaux et les Insectes nuisibles au Jardinage ;

QUATRIÈME ÉDITION,

Revue dans sa totalité, et augmentée de détails sur les Fleurs, les Arbres et les Arbustes d'agrément, et de considérations sur la Végétation en général, et sur le Jardinage en particulier ;

Par M. Louis DU BOIS,

Ancien Bibliothécaire, Membre de plusieurs Académies et Sociétés agronomiques de Paris, des départemens et de l'étranger ; l'un des auteurs du *Cours complet d'Agriculture*, etc.

A PARIS,

CHEZ RAYNAL, LIBRAIRE,

RUE PAVÉE-SAINT-ANDRÉ-DES-ARCS, N°. 13.

1825.

PRÉFACE.

—

Le succès qu'a obtenu en peu de temps ce traité simplifié de jardinage, réduit à la pratique de l'art, et dégagé de tout hors-d'œuvre comme de toute expression oiseuse, nous a déterminé à donner, dans cette quatrième édition, quelques chapitres de plus qui nous ont été généralement demandés, et dont le besoin se faisait sentir. Ils sont relatifs aux arbres et arbustes d'ornement, et aux fleurs les plus agréables, qui peuvent contribuer à l'embellissement d'un petit domaine champêtre où, suivaut le précepte d'Horace, on désire réunir l'agrément à l'utilité. Nous avons dû céder à ce désir manifesté et à ce besoin réel, d'autant plus que le goût des fleurs et même des jardins paysagers fait tous les jours des progrès, et contribue puissamment à faire chérir le séjour de la campagne, si sain, si économique en tout temps, et si doux surtout après les orages politiques, les longues guerres, et les exils volontaires ou forcés loin de la terre natale où il est si agréable de venir manier la bêche et la serpette, à l'abri du fracas des tempêtes et au sein paisible de sa famille. Cincinnatus et tant d'illustres Romains déposaient le glaive pour aller conduire la charrue ; Dioclétien trouvait plus de bonheur à gouverner ses laitues à Salone, qu'à tenir dans Rome les rênes de l'empire du monde ; le grand Condé soignait *ses œil-*

lets de la même main qui gagnait des ba-
tailles; Voltaire, qui nous a peint Can-
dide désabusé cultivant son jardin, ne
dédaignait pas celui qui ornait sa retraite
philosophique à Fernei.

Nous avons donné quelque étendue
au chapitre des arbres et des arbustes,
parce que ces plantes ont autant d'importance dans la nature, qu'elles tiennent une place distinguée dans les jardins paysagers. Quelques chapitres du
potager ont été augmentés, et d'utiles
rectifications ont été faites dans tout
l'ouvrage. Rien n'a été négligé pour le
rendre de plus en plus digne de l'ac-
cueil que le public a bien voulu lui
faire, de l'objet que l'auteur a dû se
proposer, et du sujet important qu'il
avait à traiter dans un petit nombre de

pages, afin de rendre cette Pratique à la fois portative, peu coûteuse, facile à consulter, et présentant en peu de mots fort clairs la suite très-complète de toutes les notions utiles aux personnes qui, comme nous le disons dans notre titre, cultivent elles-mêmes un petit domaine.

Louis DU BOIS.

PRATIQUE

SIMPLIFIÉE

DU JARDINAGE.

CHAPITRE PREMIER.

DES JARDINS.

LES jardins, qui ont inspiré de beaux poëmes
et formé le sujet de plusieurs ouvrages im-
portans, offrent aux hommes de tous les pays
et de toutes les classes trop d'agrémens, de
plaisirs, de ressources et d'utilité, pour n'a-
voir pas été cultivés avec soin dès les temps
les plus reculés.

En effet, ils présentent, considérés seulement sous le rapport du produit, une abondante quantité, une variété précieuse de
fruits et de plantes sur un petit espace de
terrain. Ils ne se lassent pas de produire tous
les ans et presque tous les mois. Sur une éten-

1*

due égale, le jardin rapporte, plusieurs fois autant qu'un champ, des légumes et des fruits plus précoces et plus savoureux.

Bien distribué, le jardin est un objet d'agrément : quelque bornée qu'elle soit, sa promenade est féconde en plaisirs, comme son sol est fertile en produits; c'est pour le propriétaire de ce petit domaine une satisfaction très-vive de voir convertir en réalité ses espérances qu'il a craint de voir déçues; et combien lui semblent plus exquis les fruits et les légumes qu'il a vu naître, s'accroître et mûrir!

Le goût des jardins, dont la forme a varié suivant les temps et les peuples, a toujours subsisté, et devient de plus en plus général. Beaucoup d'ouvrages traitent du jardinage; presque tous sont ou trop volumineux, ou trop peu complets.

Nous allons essayer de donner un manuel-pratique, à la fois complet et concis. Ainsi, nous croirons avoir atteint un but utile en procurant aux propriétaires et aux cultivateurs des jardins de peu d'étendue, un traité qui leur suffise pour les diriger dans leurs travaux. Un tel livre, composé avec soin, résultat d'une longue expérience, et mis à la portée des plus petites fortunes, manquait à la science du jardinage. On peut faire mieux sans doute, on ne sera pas dirigé par des motifs plus désintéressés et plus philantropiques.

CHAPITRE II.

CONNAISSANCES PRÉLIMINAIRES ; CHOIX DU TERRAIN.

On n'est pas toujours maître de choisir le sol et l'exposition du jardin. Quand on a cette faculté, il est sage de se déterminer en connaissance de cause. Ainsi, toutes choses égales d'ailleurs, le meilleur jardin sera celui qui se trouvera exposé au sud-est ; le sud est préférable à l'ouest ; le nord ne serait bon que pour les produits qu'on veut obtenir tard ; mais ils seraient peu savoureux. Une légère inclinaison, pour les terres fortes et compactes, est désirable, surtout lorsqu'elle a lieu vers les points de l'horizon que nous venons de recommander. Il est à propos que le jardin soit bien enclos de murs ou au moins de fortes haies : une bonne clôture offre beaucoup d'avantages, puisqu'elle le défend des mauvais vents du nord et du nord-ouest, qu'elle empêche l'incursion des animaux et des voleurs, et que, si elle est composée de murs, elle ajoute aux produits par les espaliers qu'elle reçoit et les primeurs dont elle favorise la culture et rend le développement plus hâtif.

A défaut de murs, soit de briques, soit de pierres, soit même de pisé, il faut avoir recours à une bonne haie; et malheureusement une haie solide est fort difficile à obtenir. L'aubépine a jusqu'à ce jour conservé la faveur d'être employée de préférence à toutes les autres plantes : elle mérite en partie l'emploi qu'on lui assigne, puisqu'elle pousse assez promptement, qu'elle se presse bien, qu'elle offre beaucoup de défense dans la nature des dards durs et pointus dont ses rameaux sont armés; mais elle perd ses feuilles en hiver, et par conséquent laisse passage au vent; mais elle n'est pas susceptible de s'élever à une hauteur de 2 à 4 mètres (6 à 12 pieds), ce qui est souvent nécessaire, surtout au nord du jardin. Le buis autrefois employé formait une masse compacte, toujours verte, ayant rarement besoin de la taille, et ne laissant aucun moyen de pénétrer, ni aux animaux, ni aux vents; mais le buis pousse si lentement et s'élève si peu haut, et lorsqu'une tige vient à mourir, il est si difficile de la remplacer !...

Il est une haie que nous ne voyons employée nulle part, dont les avantages sont dignes d'être appréciés et vantés justement, et dont nous nous étonnons que quelques vieux ornemens de nos vieux jardins n'aient pas donné l'idée aux personnes qui s'occupent de rechercher quels sont les arbres les plus utiles à la clôture, partie plus essentielle qu'on ne le croit de la sûreté du domaine, et même de la production dans toute bonne agriculture.

L'arbre dont nous voulons parler ici, est l'if, repoussé par un préjugé qui lui attribue mal à propos l'inconvénient d'être vénéneux; pourtant ses nombreux avantages avaient jadis forcé de l'admettre dans les jardins d'ornement, où l'on taillait ses rameaux dociles en vases, en colonnes, en vis de pressoir. L'if formerait la meilleure des haies : il conserve son feuillage; il ne se dégarnit jamais de rameaux depuis sa base jusqu'à son sommet; son bois noueux et fort ne craint pas les attaques des bestiaux; il s'élève à une très-grande hauteur, et formerait contre les vents désastreux un excellent abri, un rempart impénétrable.

Toutefois nous recommandons, de préférence à tout, un bon mur en briques bien cuites, plus élevé au nord et au nord-ouest que dans ses autres parties.

L'exposition du jardin et sa clôture étant appréciées, et choisies, lorsqu'on en a le pouvoir, il faut songer à se procurer les moyens d'arroser quand on transplante, quelquefois quand on sème, et toujours quand la sécheresse arrête la marche de la végétation.

Un ruisseau qui ne serait pas exposé à déborder, ni à dégrader le terrain ; une fontaine surtout, puisqu'elle n'est pas sujette aux crues, et, à défaut de l'un ou de l'autre, un puits, ou une citerne, ou une mare, sont indispensables, et il est nécessaire que l'accès en soit facile.

Le jardinier, comme l'agriculteur, doit bien connaître la nature du terrain sur lequel il travaille. On compte quatre espèces principales de terres susceptibles de culture : 1° celle où domine le Sable, laquelle serait stérile s'il ne s'y trouvait un mélange d'autres terres ; elle est légère, ses productions croissent promptement, et sont très-savoureuses ; elle exige de fréquens arrosemens ; et, pour l'amender, il faut y introduire des terreaux, de l'argile, et du fumier de bêtes à cornes ; 2° la terre Argileuse plus ou moins blanche, plus ou moins jaune-orangé : on la désigne assez généralement sous le nom de terre forte. Elle craint la sécheresse qui la durcit et la crevasse ; elle communique de la saveur aux fruits et aux légumes ; elle a besoin d'humidité, et ses améliorations se font avec du fumier de cheval, de mulet, d'âne, ou de mouton, du sable, du terreau de bruyère, des plantes marines, des coquilles calcinées, et des os pulvérisés ; 3° la terre Calcaire, qui constitue la craie, les marbres, et fournit les pierres à chaux. Elle renferme ordinairement des coquillages pétrifiés. Sa blancheur, qui la rend moins accessible à la chaleur des rayons du soleil ; sa porosité, qui ne lui permet pas de retenir assez l'humidité des pluies, sont autant d'inconvéniens qui la disposent peu à la végétation, et qui ne lui font donner que des productions chétives. Pour la rendre plus végétative, il faut la mélanger avec l'argile, les fumiers et les plantes marines ; 4° l'Humus, terreau ou terre végétale par excellence. Cette variété précieuse est le résultat récent de la décomposition des végétaux : elle se trouve au pied des haies et des arbres où les feuilles et les bois pourris la produisent ; elle provient des plantes que l'on fait pourrir dans des fosses, ou des fumiers consommés dans les formes, ainsi que dans les couches. Le terreau de couleur plus ou moins noire, est éminemment productif. Les semences y germent, les plantes y poussent avec la plus grande célérité ; mais les légumes et les fruits auxquels il a donné l'être surabondent de parties aqueuses, et sont presque insipides ; les fleurs y avortent, ou perdent l'éclat de leurs couleurs. Aussi ne doit-on s'en servir, que pour faire lever les plantes délicates, accélérer les végétations paresseuses, et pour l'unir comme amendement aux autres terres.

Nous n'avons point parlé de la Marne, parce qu'en agriculture elle est considérée plutôt comme un engrais que comme une variété de terres. Au surplus, il y a plusieurs espèces de marne, de blanches, de grises, de jaunes, de dures et de friables. Celles qui sont jaunes renferment du fer, et sont un bon amendement pour les terres froides ; les blanches et les grises sont à préférer pour les terres légères. On peut employer de suite les marnes friables ; celles qui sont dures ont besoin, pour se réduire en une sorte de poussière, d'être exposées tout un automne et tout un hiver à l'action des pluies, des gelées, des dégels et du soleil, et d'être tous les quinze jours remuées et maniées à la bêche. Avec ces précautions, tous les monceaux de marne se mûrissent et deviennent propres à servir d'engrais.

En général on trouve peu de terres tout-à-fait sablonneuses, tout-à-fait calcaires ou tout-à-fait argileuses. La nature semble avoir pris plaisir à former des mélanges de ces terres : aussi on en rencontre fréquemment d'argilo-siliceuse (sable et argile), d'argilo-calcaire (argile et chaux), etc.

Il ne faut pas croire que les fumiers végétaux et animaux soient les meilleurs ou les seuls engrais. Une terre est d'autant plus productive, qu'elle est plus accessible à l'action des météores fécondans; légère sans être trop friable, ferme sans être dure et compacte, le soleil l'échauffe facilement, l'humidité de la pluie la pénètre et s'y maintient convenablement; les racines des plantes s'y développent sans obstacle, pénètrent plus au large et plus profondément, et par conséquent soutiennent et nourissent mieux les végétaux qui en élaborent plus avantageusement les sucs. Ainsi, tout ce qui rend suffisamment meubles les terres trop fermes ou compactes, et suffisamment fermes les terres trop meubles, est un amendement ou un engrais, soit qu'on l'obtienne des fumiers, soit qu'on l'effectue par des labours plus ou moins nombreux, soit qu'on y parvienne par le mélange des marnes, des terreaux et des autres terres, soit qu'on l'opère en enfouissant des végétaux verts, qui fermentent et s'y décomposent. En général, les plus puissans agens de la végétation, sont la chaleur et l'humidité réunies. C'est pour les mettre à profit, pour les employer avec succès, qu'on doit se maintenir à l'abri des vents froids, mélanger et amender ses terres, les labourer fréquemment, et les arroser, à propos, avec des eaux pures, mais pénétrées par l'air, et échauffées par le soleil.

Quand le sol du jardin est naturellement humide et froid, qu'il est de nature compacte, que la terre est forte et difficile à manier, il est surtout nécessaire, pendant l'automne, pour les parties devenues libres par l'enlèvement des légumes, de relever en tombes ou en rayons le terrain qui se mûrit mieux pendant l'hiver, se dépouille ainsi des plantes parasites, et devient au printemps beaucoup plus facile à bêcher, plus léger, et par conséquent plus productif. C'est dans l'automne un petit surcroît de travail, dont on est amplement dédommagé au printemps, précisément à l'époque où il est nécessaire d'opérer avec célérité.

Il ne faut pas que les racines puissent atteindre le fumier. Ainsi on ne l'emploiera que pour les planches consacrées aux ognons, aux haricots, aux épinards, et en général, aux légumes qui n'ont pas de racines profondes. Ce terrain ainsi amendé, sera très-bon l'année suivante pour les racines proprement dites, les tubercules et les plantes qui s'enfoncent beaucoup, puisque le fumier sera alors consommé.

Il importe de varier les cultures : un bon assolement a tant d'avantages! En général, il faut substituer aux racines et aux tubercules, les ognons, les haricots et les plantes qui ne s'enfoncent que fort peu dans le sol, de manière que des plantes ne succèdent pas immédiatement à des végétaux de même nature. L'aspergerie seule conserve sa place long-temps; les artichauts ne doivent point garder la leur plus de cinq à six ans.

Pour amender convenablement le terrain, il faut, dès que les légumes sont enlevés, le retourner à la bêche ou même l'élever en rayons; employer les fumiers à peu près consommés, les curures de mares et de fossés bien mûries, les sarclures bien pourries dans des formes où l'on introduit les urines des hommes et des bestiaux. Les cendres et les charrées sont un bon amendement; mais il a peu de durée : on ne doit s'en servir que sur le sol ensemencé, ou du moins ne l'enfouir qu'à la profondeur de 5 à 8 centimètres (2 ou 3 pouces). Cet amendement convient surtout aux ognons, aux jeunes porreaux et à tous les légumes qui ne plongent leurs racines qu'à peu de profondeur.

Quant aux sarclures, **H. Browne** a enseigné la véritable méthode de les convertir promptement en fumier. Voici le procédé qu'il conseille, et dont on peut facilement faire usage dans les contrées où la chaux n'est pas chère. On étend alternativement une couche légère de chaux vive, nouvellement pilée sur un lit d'herbe fraîche de l'épaisseur d'un pied. Au bout de quelques heures, la décomposition des plantes est opérée. L'inflammation même aurait lieu, si on ne prenait le soin de couvrir la masse entière avec des mottes de terre garnies d'herbes fraîches, ou seulement avec des feuillages verts et des plantes récemment cueillies. La cendre qui provient de cette opération est un bon engrais qui, comme toutes les cendres, agit sur-le-champ, accélère beaucoup la végétation, mais ne doit pas être établi profondément.

Les graines que l'on emploie doivent avoir été recueillies bien mûres et conservées bien sèches, être bien grosses et bien pesantes. Elles sont plus robustes, lèvent mieux, donnent de meilleures productions, et conservent les bonnes espèces. Il est au moins inutile de mettre les semences tremper dans le vin, l'eau ou toute autre liqueur : on cherche ainsi à les disposer à une plus prompte germination, on ne fait que les disposer le plus souvent à pourrir aussitôt qu'elles ont été mises en terre. Nous aimons à croire qu'il est inutile de dire que le vin ou toute autre liqueur préparée, dans lesquels on fait tremper quelques graines, telles que celles de melons, etc., ne sauraient communiquer aux fruits qui en proviendront aucune espèce de saveur ou de qualité. Malheureusement la routine continue d'accréditer les préjugés et les erreurs, tandis qu'il est si facile de faire et de répéter des expériences peu coûteuses, qui serviraient irrévocablement à constater la vérité et à repousser des erreurs souvent très-préjudiciables.

On sait que les graines ont besoin d'être dépaysées. Ainsi, il est à propos de ne pas semer une graine dans le lieu même où elle a été recueillie.

Nous prévenons que les dénominations variant d'une contrée à l'autre, nous ne nous servirons généralement que de celles qui sont employées à **Paris**, surtout dans l'*Almanach du bon Jardinier* (*), ouvrage devenu tellement complet, qu'il offre pour le jardinage un manuel vraiment encyclopédique.

(*) On peut se procurer cet ouvrage à Paris, chez RAYNAL, libraire, rue Pavée-Saint-André, n° 13.

CHAPITRE III.

POTAGER.

§ Ier. *Graines légumineuses.*

Pour établir plus de clarté dans la distribution de nos matières, nous classerons les végétaux du potager ainsi qu'il suit : 1°. Graines
légumineuses ; 2°. Tubercules et Racines ;
3°. Légumes herbacés ; 4°. Légumes turbinés ;
5°. Légumes vivaces ; 6°. Cucurbitacés ; 7°. Salades ; 8°. Herbages potagers ; 9°. Fournitures ;
10°. Plantes aromatiques ; et 11°. Petits Fruits.

Fèves. Ce légume , délicat lorsqu'il est
mangé jeune encore , et toujours utile soit
pour les hommes , soit pour les animaux , est
robuste , et se plaît surtout dans les terres
compactes. On peut même le semer à l'ombre. Dans les hivers qui ne sont pas rigoureux , semé en décembre ou en janvier , il
prospère et donne ses gousses dès le mois de
mai ou de juin. Toutefois, excepté une petite
quantité que l'on risque , on ne doit semer la
Fève qn'en février ou même au commence-

ment de mars. Quand le sol est léger, on marche sur les Fèves aussitôt qu'elles sont mises en terre, afin d'affermir le plant lorsqu'il sera levé. Quand on désire manger de jeunes Fèves à différentes époques de l'année, il est utile d'en semer jusqu'en juin. Après les avoir cueillies, et lorsque la tige est restée verte et vigoureuse, surtout si le terrain est frais et la température un peu humide, on peut se borner à couper les pieds à leur base : ils repousseront de nouveaux jets qui produisent une seconde récolte souvent fort abondante.

Les meilleures espèces de Fèves, sont la *grosse Fève ordinaire*, la *Fève à longues cosses*, la *Fève de Windsor*, toutes à grosses semences ; la *petite Fève julienne*, et la *Fève naine*, propre à faire des bordures. La *Fève verte* de la Chine est plus tardive.

On sème les Fèves en rayons, à la profondeur de 5 à 12 centimètres (2 à 4 pouces), selon la nature du terrain, c'est-à-dire à 5 dans les terres fortes et à 12 dans les terrains légers ; on met 3 décimètres (1 pied) de distance entre chaque Fève. Quand on n'est pas sûr de la bonté des graines, on les plante deux à deux, sauf à arracher la tige la plus faible lorsqu'elles sont levées. Dès que le jeune plant a acquis la hauteur de 10 centimètres (4 pouces, il faut avec une petite houe ou binette le rechausser, en ramenant au pied des tiges une partie de la terre qui se trouve entre les rayons. Cette opération a le double avantage de détruire les mauvaises herbes, et de soutenir les Fèves. On doit en général, avec cette petite houe, entretenir le plus meuble qu'il est possible, sans toutefois offenser les racines, la terre qui avoisine les plantes : ce travail répété tous les quinze jours, économise le sarclage, est moins pénible que lui, et conserve au sol cette porosité, cette légèreté qui y facilite l'introduction de la chaleur, de l'air et de l'humidité, agens toujours puissans de la végétation.

Dans les grandes exploitations, dans les champs, la Fève est abandonnée à elle-même, et ne produit qu'une partie de ce qu'on a droit d'en attendre avec un peu de soin. Aussitôt que les premières fleurs de la Fève commencent à se flétrir, il faut couper avec les ongles la sommité de la plante, c'est-à-dire en enlever environ 12 millimètres (un demi-pouce). C'est ce qu'on appelle arrêter les Fèves, ou les pincer : à ce moyen, la tige devient plus vigoureuse, et un plus grand nombre de fleurs fructifient.

Lorsqu'on a recueilli les Fèves, si elles sont jeunes, les tiges sont bonnes pour les bestiaux, peuvent produire un bon fumier ou donner au feu une cendre abondante; si elles sont mûres, les tiges desséchées ne peuvent servir qu'au chauffage : on les brûle, soit au foyer, soit au four. Il en est de même des tiges des Haricots et des Pois dont nous allons parler.

HARICOTS. On distingue deux espèces de Haricots : ceux qui ont besoin de rames, et ceux qui sont nains. Toutes les deux sont universellement recherchées, et sont de tous les légumes le plus fréquemment employé, soit en vert, soit en sec. Cette plante offre un grand nombre de variétés ; les plus estimées sont pour la première espèce le *Haricot de Soissons*, blanc, plat et gros, excellent en sec ; le *Haricot predôme* ou *prodomet*, soit blanc, soit jaune, à petit grain presque rond, délicat, et dont on mange jusqu'au parchemin, à moins qu'il ne soit tout-à-fait sec ; le *Haricot de Prague*, soit rougeâtre, soit bicolore ; tardif, montant à une grande hauteur, d'une bonne production, sans parchemin ; le *Haricot sabre*, blanc et plat, excellent pour le goût et pour la fécondité de ses produits, montant haut, offrant de longues et larges cosses : il est, dans beaucoup de terrains, préférable au Haricot de Soissons ; le *Haricot Sophie*, à grain blanc et gros, bon surtout en vert, sans parchemin ; le *Haricot riz*, petite variété à grain blanc et presque rond, productif, et délicat même en sec. Parmi les Haricots nains ou sans rames, on préfère le *Haricot flageolet* ou *Haricot nain hâtif de Laon*, très-précoce, très-nain, et bon surtout en vert pour primeurs; le *Haricot nain de Soissons*; le *Haricot nain blanc sans parchemin*, et le *Haricot sabre nain*, tous deux sans parchemin, mais peu propres aux terrains humides, parce que les cosses tombent jusqu'à terre; le *Haricot nain blanc d'Amérique*, sans parchemin; le *Haricot suisse*, soit blanc, soit rougeâtre, soit gris; le *Haricot gris de Bagnolet*, le meilleur pour être confit et conservé; le *Haricot ventre de biche*; le *Haricot noir*; le *Haricot rouge d'Orléans*, bon en sec; le *Haricot nain jaune du Canada*, excellent en grain, vert et sec.

On ne peut semer cette plante, très-sensible aux gelées, qu'au mois de mai; elle préfère une terre légère, amendée, bien exposée, fraîche sans humidité, à toute autre. La méthode de semer, soit les Haricots, soit les Pois, par pincée dans chaque trou, emploie en pure perte beaucoup de semence, et nuit au développement des jeunes tiges qui s'échauffent et s'étouffent. Il est préférable de semer à 14 ou 16 centimètres (5 ou 6 pouces) de distance dans les rayons, que l'on sépare les uns des autres par un intervalle de 5 décimètres (un pied). Lorsque les pluies ont battu le sol, ou que par toute autre cause sa surface s'est durcie, le germe des Haricots, naturellement faible et délicat, éprouve de grandes difficultés à sortir de terre : il est indispensable d'arroser légèrement le matin, ou même avec un petit rateau peu pesant de rendre friable la superficie du sol, en usant de beaucoup de précaution. On repique aussi des Haricots, pour remplacer ceux qui n'auraient pas levé.

Dès que le jeune plant a acquis une hauteur de 8 centimètres (3 pouces), il faut, comme pour les fèves, biner l'entre-deux des rayons et rechausser les pieds. On recommence la même opération deux ou trois fois tous les quinze jours, si la terre se durcit trop, et si les mauvaises herbes se multiplient.

Pour les Haricots à rames, le binage cesse plus tôt. Il est à propos de placer la rame avec attention pour ne pas offenser les racines, et de bonne heure, pour que les filets n'aient pas le temps de s'enchevêtrer les uns dans les autres. Les meilleures rames sont celles de chêne pelard ou écorcé, droites, minces et longues, et dont le pied a été durci au feu.

Comme ce légume est fort recherché en vert, il est profitable d'en avoir pendant tout l'été et une partie de l'automne. C'est pourquoi on en sème depuis le mois de mai jusqu'en juillet et même jusqu'au commencement d'août.

Pois. Le Pois est de tous les légumes à grain, l'un des plus répandus. Il doit cet avantage moins à sa fécondité et à sa saveur, qu'à sa vigueur, qui le rend propre à être mis en terre pendant l'hiver, et dans les terres fortes comme dans les terrains légers. On le mange en maigre, au lard, en purée, et, lorsqu'il est vert et petit, il offre la plus délicieuse de nos primeurs.

Il existe aussi des Pois à rames et des Pois nains. Ces derniers, comme les fèves naines, ne sont guère propres qu'en bordures.

On divise généralement les Pois en deux espèces : les Pois à écosses ou à parchemin, et les Pois sans parchemin.

Parmi les Pois à écosses, les plus estimés sont le *Pois nain hâtif;* le *Pois nain de Hollande;* le *Pois nain de Bretagne*, très-bas; le *Pois gros nain sucré*, le meilleur de ceux que nous venons de nommer; le *Pois michaux de Hollande*, très-hâtif et délicat ; le *Pois Michaux*, proprement dit *Petit Pois de Paris*, précoce et excellent, plus propre que le précédent pour les semis de décembre; le *Pois Michaux à œil noir ;* le *Pois hâtif à la moelle ;* le *Pois de Clamart*], plus tardif, très-sucré ; le *Pois carré blanc* et *carré à œil noir*, plus tardif encore ; le *Pois gros vert Normand*, excellent en sec, très-haut ; et le *Pois ridé de Knight*, tardif, grand, moelleux et sucré. Les meilleurs des Pois sans parchemin sont : le *Pois sans-parchemin nain hâtif;* le *Pois en éventail*, très-petit ; la *Corne de bélier*, blanc, à grandes cosses, très-bon, ayant besoin de rames élevées ; le *Pois Turc* ou *Pois couronné*, excellent.

L'ensemencement et la culture des Pois sont à peu près les mêmes que ceux des haricots. Toutefois, on peut semer les Pois dès le mois de décembre, en janvier et jusqu'en juillet.

LENTILLES. On cultive peu ce légume dans les jardins, parce qu'on l'obtient aussi bon dans les champs. Trois variétés sont recommandables : la *grosse Lentille*, la *Lentille blonde*, et la *Lentille rouge*, ou *Lentille à la Reine :* la première, pour son volume; la seconde et la troisième, pour leur saveur. Toutes deux, soit au maigre, soit au gras, ont un grand avantage sur les autres graines légumineuses, c'est d'être plus faciles à digérer. Les Lentilles se sèment à la volée ou en rayons. Cette dernière méthode, toutes les fois qu'on peut l'employer, est préférable en tout et partout : elle donne des moyens plus

faciles pour éclaircir les plants, pour les sarcler, et pour biner la terre : travail qui la
rend légère, plus poreuse, et par conséquent beaucoup plus productive. Il faut aux
Lentilles une terre peu forte, sablonneuse,
sèche et peu engraissée. On les sème en avril.

§ II. *Tubercules et Racines.*

POMMES-DE-TERRE. Ce tubercule, aujour-
d'hui si répandu et si long-temps dédaigné,
est le plus utile de tous les légumes cultivés,
soit dans les champs, soit dans les jardins (*).
Son produit est considérable, et ses variétés
très-nombreuses. Quant à sa saveur, elle dépend beaucoup du terrain où elle a crû. On
doit préférer, sous tous les rapports, celui
qui est à la fois profond et léger, et même sablonneux, exposé au midi. Toutefois, la
Pomme-de-terre vient partout, pourvu que
le sol ait quelque profondeur. Si la terre le

(*) Un acre qui ne produirait que mille kilogrammes
de blé, donne en Pommes-de-terre six fois autant de
poids. Si l'on suppose une perte de moitié en parties
aqueuses, l'acre rendra en Pommes-de-terre trois
mille kilogrammes (plus de 6,000 livres) de nourriture
solide, c'est-à-dire le triple de ce que produirait une
égale étendue de terrain consacrée à la culture du
froment.

permet , il faut planter dans des rigoles , de manière à pouvoir rabattre lorsque la plante est élevée de 15 centimètres (6 pouces) , et continuer de temps en temps, à mesure qu'elle prend de l'accroissement. A ce moyen , on ameublit le terrain, on le débarrasse des mauvaises herbes , et on entasse au pied des plantes assez de terre pour qu'elles puissent développer plus de racines , et par conséquent multiplier leurs tubercules.

Pour le semis, on choisit les plus petites Pommes-de-terre , ou l'on coupe en fragmens les grosses , de manière à laisser au moins un œil à chaque morceau. Le terrain doit avoir été bien ameubli par plusieurs labours antérieurs, et n'a pas besoin d'engrais, à moins qu'ils ne se composent de terres de curure ou de terreaux bien mûris et devenus légers. On sème ordinairement la Pomme-de-terre en avril , et l'on peut récolter dès qu'on voit ses tiges se faner et se dessécher.

Les semis doivent être recouverts de dix centimètres (4 pouces) de terre , et placés à 5 décimètres (18 pouces) de distance les uns des autres.

Nous avons dit que les variétés de la Pomme-de-terre sont nombreuses. En effet , nous avons, en 1815 , essayé la culture de 118 variétés, qui nous furent envoyées par la Société d'Agriculture de Paris , sur lesquelles nous avons reconnu que 13 à 20 seulement étaient bonnes à conserver, du moins dans le sol argilo-calcaire-siliceux des environs de Lisieux. Les 13 variétés principales offrent tous les avantages désirables, tant dans la saveur des tubercules et l'abondance de leurs produits, que dans leur degré de maturité, assez précoce soit pour garnir les tables dès l'été, soit pour laisser la terre libre dans la saison où on peut les remplacer par les cultures d'automne. Ces variétés sont la Pomme-de-terre de *Douai*, 1re et 3e division; celles des *Ardennes*; de la *Côte-d'Or*; la *Truffe d'août de Paris*; l'*Août de Jemmapes*; la *bonne jaune des Forêts*; la *Bleue-Noirâtre de Descroisilles*; la *Berbourg*; la *petite-Rose Pâle de Descroisilles*; la *Halle de Paris, grosse jaune*; la *Halle de Paris, jaune ronde moyenne*; et la *Pomme-de-terre de Frise*, grosse variété anglaise.

Comme le choix des variétés les plus convenables est très-important, nous allons donner la liste de Parmentier et celle de l'Almanach du bon Jardinier.

I. *Grosse blanche*, tachée de rouge; *Blanche longue*, ou *Blanche irlandaise*; *Jaune ronde aplatie*; *Rouge oblongue*; *Rouge longue*; *Rouge souris*, ou *Corne de vache*; *Pelure d'ognon*, ou *Langue de bœuf*; *Petite*

*jaunâtre aplatie ; Rouge longue marbrée ;
Rouge ronde ; Violette ; Petite blanche ou
Petite chinoise, ou Sucrée de Hanovre ; Rouge
à corolle blanche.*

II. Le *Cornichon jaune* ou *Hollande jaune
de la Halle de Paris ;* la *Truffe d'août ;* la
Descroisilles ; la *Naine hâtive*, mûre dès le
mois de juin; la *Chave* ou *Shaw*, la meilleure
des Pommes-de-terre précoces; la *Tardive
d'Irlande*, ou *Pomme-de-terre Suisse.*

La Pomme-de-terre est dans quelques contrées appelée soit Truffe, nom qui ne lui convient pas du tout; soit Batate ou Patate, expression qui vient de plusieurs pays étrangers.
Il ne faut pas confondre la Patate commune
ou Pomme-de-terre, qui est une solanée,
avec un Liseron américain dont la racine
très-moëlleuse, et d'une saveur sucrée très-
agréable, offre un bon aliment.

Cette Patate, qu'on désigne généralement
sous le nom de Patate douce, soit blanche,
soit rouge, ne vient que sur une couche,
comme celle de Melons, que l'on recouvre de
16 à 25 centimètres (6 à 8 pouces) de bonne
terre préparée. Vers la fin d'avril, aussitôt
que cette couche a jeté son feu le plus vif, on
y enfonce à 20 centimètres (8 pouces) de
distance, et 5 (2 à 3 pouces) de profondeur,
des tranches de Patates de 2 centimètres (1

pouce) d'épaisseur; on enlève les jets lorsqu'ils ont atteint la longueur de 20 à 26 centimètres (8 à 10 pouces); on les effeuille à
l'exception du sommet; on les transplante
couchés sur une planche de bonne terre bien
profonde, où on les établit à une distance de
6 décimètres au moins (environ 2 pieds). Il
est à propos de les arracher avec précaution
dans le courant d'octobre, et de les conserver
dans du sable sec à l'abri du froid et de l'humidité.

Des deux variétés rouge et blanche, la première mérite la préférence, parce qu'elle est
plus sucrée et d'une saveur plus prononcée.

Topinambour. Cette plante se multiplie,
comme les Pommes-de-terre, par ses tubercules. Ceux du Topinambour doivent être
semés entiers en mars. Il est beaucoup moins
productif que la pomme-de-terre; il est moins
nourrissant, et, en général, il est moins recherché. Une terre forte lui convient. Quoique propre à être cueilli dès la fin d'octobre,
il peut rester en terre jusqu'au printemps.
Une fois planté à distance de 30 à 50 centimètres (1 pied à 20 pouces), il n'a plus besoin
de labours, et, pourvu qu'aux récoltes on
laisse subsister quelques tubercules, il peut en
produire, presque sans soin, pendant plus de
vingt ans. Ses tiges sont bonnes pour les bes-

tiaux, ainsi que le Topinambour lui-même, qui, né dans les terrains marneux et calcaires, a l'inconvénient de ne jamais devenir à la cuisson aussi moelleux et aussi savoureux que dans les autres natures de sol. Cette plante vient à l'ombre, sur les pentes à l'ouest et au nord, et par conséquent offre un objet de culture pour des expositions peu favorables. Au reste, quand le Topinambour est bien assaisonné, il offre au gras ou au maigre un mets agréable, qui tient un peu du cu-d'artichaut.

Carottes. Cette racine est la plus saine et la plus savoureuse de toutes celles que produisent nos jardins. Elle acquiert d'autant plus de grosseur et de longueur, que la terre est plus meuble et plus profonde, et d'autant plus de saveur, que cette terre est plus légère, moins humide et mieux exposée au soleil. On sème en rayons, distans les uns des autres de 15 à 22 centimètres (6 à 8 pouces), afin de pouvoir biner deux ou trois fois, jusqu'à ce que les feuilles de la plante ne permettent plus aux herbes de croître auprès d'elle. Il ne faut pas semer dru, ou du moins, lorsque la graine est levée, il faut éclaircir le semis, afin que les racines puissent se développer et acquérir la grosseur dont elles sont susceptibles. La graine doit être recouverte de peu de terre. Au surplus, il est bon de les éclaircir à diverses époques, par un temps humide, ou après avoir arrosé le terrain, afin d'enlever les racines entières. Le produit du premier éclairci n'est bon qu'à jeter; mais les éclaircis successifs donnent déjà de petites Carottes fort bonnes à manger. Il n'est pas vrai de dire que la fauchaison des feuilles fait grossir les racines de la plante : au contraire, cette opération leur donne un nouveau travail à faire, travail tout extérieur, et qui ne peut qu'affaiblir ou au moins retarder l'accroissement de ces racines.

On sème la Carotte dès le mois de février et jusqu'au mois de mai; on en sème encore en septembre pour passer l'hiver et fournir au printemps.

Les meilleures variétés sont la *Grosse rouge*, la *Grosse jaune*, la *Carotte courte de Hollande*, la *Rouge hâtive*, la *Jaune hâtive*, et la *Violette d'Espagne*.

Navets. Les Navets ont l'inconvénient de n'être délicats que dans un petit nombre de contrées; partout ailleurs ils ne gagnent en grosseur que ce qu'ils perdent en saveur sucrée. Toutefois il est bon d'en avoir à sa disposition. Cette racine se sème depuis le mois de mars, jusqu'au commencement de septembre. On procède à cet ensemencement et

à la culture de ce légume comme pour les carottes. On peut semer les Navets en planche
ou à la volée parmi les haricots, les choux et
les autres productions du jardin. Après la récolte de ces plantes on trouve ces Navets
épars, qui n'ont pas occupé de terrain exclu-
sif et qui n'en sont pas moins bons. Il faut
aux Navets une terre légère et sablonneuse.

Les variétés préférables sont le *Freneuse*;
le *Navet de Meaux*; le *Saulieu*, dont l'écorce
est brune; le *petit Navet de Berlin* ou *Teltau*;
le *Navet de Vertus*; le *Navet rose du Palati-
nat*; le *Gros long d'Alsace*, qui n'est recherché que pour sa grosseur; le *Navet de Clair-
fontaine*; le *Navet blanc plat hâtif*; le *Rouge
plat hâtif*; la *Rave*, ou *Rabiole*, ou *Turneps*,
qui est meilleur que la plupart des Navets;
le *Navet jaune de Hollande*; le *Navet jaune
d'Ecosse*; le *Navet noir d'Alsace*, et le *Navet
gris de Morigni*.

SALSIFIS. Cette racine délicate veut, comme
toutes les plantes de la même nature qui
s'enfoncent beaucoup dans la terre, un terrain meuble, profond, léger, et frais sans
être humide. On mange de ce légume les racines, et même les feuilles, qui sont fort
tendres. Il est toujours, ainsi que pour les carottes, utile de semer en rayons, et de faire
usage du binage. La graine de Salsifis se

sème dès la fin de février jusqu'au mois de septembre. Ce dernier semis, de même que pour d'autres légumes, produit des plantes qui passent l'hiver, et fournissent, dès le printemps, des ressources précieuses pour la table. Les Salsifis peuvent rester en terre tout l'hiver, et n'être récoltés qu'au mois de mars ou d'avril ou même de mai, pour faire place à d'autres ensemencemens. Les personnes qui cueillent et mangent les feuilles, ne doivent pas les couper après la mi-septembre : la racine en souffrirait pendant la mauvaise saison, et alors cette feuille est devenue dure.

En général, lorsqu'on a des emplacemens commodes et du sable à sa disposition, il est bon de recueillir les racines à la mi-novembre ou en décembre au plus tard, de les faire sécher, et de les entasser par lits dans le sable. Ils en sont à la fois plus tendres, plus disponibles et moins exposés à être entamés par les insectes, qui les gâtent et les rendent difficiles à nettoyer.

Scorsonères. La Scorsonère a beaucoup de rapports avec le Salsifis, dont elle diffère principalement par la couleur de sa peau, qui est noire, par sa saveur qui est plus fine, et parce qu'on ne l'obtient guère assez grosse pour être mangée avec avantage, qu'à la seconde année. Il lui faut une terre légère, sablonneuse, mais amendée; fraîche, mais exposée au soleil. On la sème à la fin de mars ou dans les premiers jours d'avril. Si on ne la sème qu'en août après la récolte des ognons et des petits pois, la Scorsonère restera deux hivers en terre.

CHERVIS. Cette petite racine ou plutôt cette griffe composée de plusieurs petites racines qui s'enchevêtrent, est très-sucrée, d'une saveur fine et délicate, et paraît même fade à certaines personnes. On multiplie le Chervis, qui est vivace, soit par graines, dont on repique les produits, et que l'on a semées en terre légère et recouvertes fort peu, soit par pieds éclatés et détachés des touffes recueillies. Le semis ou la plantation se font en avril ou en septembre, et toujours en rayons pour la facilité de la culture. Les racines qui proviennent des semis, deviennent plus grosses que celles qui ont été éclatées.

BETTERAVES. C'est une des plus grosses et des plus productives racines de nos jardins. Elle aime les terres légères et profondes; mais elle vient aussi, assez avantageusement, dans celles qui sont fortes, pourvu qu'elles aient été bien défoncées. Sa culture est la même que celle de la carotte, excepté qu'il faut, lorsqu'on éclaircit le jeune plant, laisser plus d'intervalle entre chaque pied, à cause du volume qu'il est susceptible d'acquérir. On doit tirer ces racines de la terre dès le mois de novembre, et les conserver dans le sable pour l'usage. Les meilleures variétés sont la *Grosse rouge*, qui est la plus répandue ; la *Petite rouge* ; la *Rouge ronde*, hâtive ; la *Jaune*, très-sucrée, et la *Blanche*, tendre, mais moins savoureuse.

Panais. Il existe plusieurs variétés de cette racine, dont la saveur aromatique et sucrée plaît à quelques personnes. Le *Panais long*, qui convient aux terrains profonds ; le *Panais rond* à racine courte et grosse, qui est propre aux terres qui n'ont que de la superficie ; le *Panais bâtard* ou *Panais de Siam*, qui tient le milieu entre les deux variétés précédentes, et le *Panais de Hollande*, grosse variété fort bonne. Le Panais peut, jusqu'à un certain point, remplacer la Carotte dans les potages : on en obtient de très-bonne heure, dont on se sert pour cet objet, en attendant que l'on ait pu se procurer des Carottes. Le Panais se sème en rayons, et exige les mêmes soins que les racines précédentes. Il est peu difficile sur le choix du terrain, et produit beaucoup. On en sème en mars et en septembre.

Céleri-navet. Voir plus bas au paragr. III : Légumes Herbacés, page 54.

Raves et Radis. Ces petites racines, qui ne sont bonnes que lorsqu'elles sont fort tendres, qui n'ont cette qualité que dans les terres très-légères, et qui d'ailleurs n'ont de véritable mérite que par leur précocité, ne prospèrent que sur les couches, dans le terreau, ou du moins le long des bordures bien ameublies, bien amendées, et bien exposées. On sème à la volée ou en petits rayons, en recouvrant légèrement la graine, soit de raves, soit de petits radis, en février et jusqu'en mai, afin de prolonger la jouissance des amateurs de cette petite racine très-recherchée. Dès la fin de mai, on ne peut plus semer ces graines qu'à l'ombre; les plantes qui en proviendraient, seraient trop dures et d'une saveur trop piquante. Au surplus, un des principaux avantages des Raves et des Radis, est de venir à une époque où l'on n'a pas encore de fruits de l'année. Pour le Radis, il est utile de battre la terre et d'étendre dessus 25 à 50 millimètres (un à deux pouces) de la terre légère, dans laquelle on le sème; sans cette précaution, la jeune racine s'enfoncerait et s'allongerait, au lieu de conserver sa forme ronde. Il faut à ces plantes de la fraîcheur et un peu d'humidité, souvent répétée. Voici les principales variétés de ce légume : I. La *Rave de corail*, ou *rouge longue;* la *Petite hâtive;* la *Rave couleur de rose*, ou *Saumonnée;* la *Blanche;*

la *Rave tortillée du Mans.* — II. Le *Radis blanc hâtif*; le *Blanc ordinaire*; le *Petit rose ou Saumonné*; le *Petit rouge*; le *Petit violet*; le *Radis petit gris*; le *Radis jaune*; et le *Gros blanc d'Augsbourg.*

RAIFORT, ou CRAN, ou CRANSON. Cette espèce de Rave, d'un fort volume, d'une chair plus ferme, et d'une saveur très-piquante, veut une terre plus forte et plus profonde. On sème le Raifort en mai ou en juin, et jusqu'au mois de septembre. Il est recherché par les amateurs de substances épicées, et c'est principalement en hiver qu'on le mange cru par tranches avec les viandes. Ainsi, il faut en semer un peu tard, afin de pouvoir l'obtenir en octobre ou novembre, assez gros et formé pour être conservé dans le sable à la cave ou à la serre. Lorsque les hivers ne sont pas trop rudes, il peut même, sans inconvénient, rester en terre.

§ III. *Légumes herbacés.*

CHOU. L'un des plus renommés, des plus recherchés et des plus utiles légumes, est le Chou, qui nous donne toute l'année ses feuilles, et présente une variété considérable. On sème les choux en terre légère; et lorsqu'ils ont 10 à 15 centimètres (4 à 5 pouces) de haut, s'ils sont un peu pressés, on les déplante pour les élever en pépinière, c'est-à-dire sur planches ou aires de jardin, jusqu'à ce qu'on les plante définitivement dans un terrain amendé, frais, gras et profond. Il est utile de serfouir ou biner la terre de temps en temps, afin de la conserver meuble, et d'arroser fréquemment, si la température est sèche. Le semis se fait en août et en septembre, et c'est ordinairement en octobre qu'on transplante en pépinière, jusqu'à ce que vers février ou mars on établisse les Choux à demeure. Il est plusieurs variétés de Choux que l'on peut semer et transplanter à d'autres époques de l'année, suivant les besoins du consommateur ou les habitudes du pays. M. Tollard, dans son *Traité des Végétaux*, a donné une bonne classification des Choux, que nous lui emprunterons en grande partie.

I. *Chou vert à larges côtes; Chou blond à larges côtes; Chou cavalier, ou Chou en arbre; Chou du Maine; Chou à rejets, de Bruxelles, ou à plusieurs têtes; Chou vert frangé à aigrettes rouges; Chou frisé rouge d'hiver; Chou panaché; Chou tricolore; Chou frisé vert d'hiver :* ils sont bons à semer en avril, il leur faut une terre substantielle et même assez forte; leurs feuilles, surtout lorsque les gelées les ont un peu attendries, offrent de grandes ressources pendant l'hiver.

II. *Chou pommé non frisé; Chou cabage*, très-précoce, bon à manger à la fin d'avril; *Chou d'Yorck*, en mai; *Chou hâtif en pain de sucre*, fin de mai; et, un peu plus tard jusqu'en automme, les Choux suivans : *Chou cœur de bœuf; Chou hâtif de Bonneuil; Chou pommé de Saint-Denis; petit Chou rouge; Chou pommé blanc d'Alsace; Chou pommé blanc de Hollande; Chou pommé rouge; Chou quintal*, ou *Chou pommé de troisième saison*. Ces deux dernières variétés sont très-grosses, très-dures et propres à faire la sauer-kraut (chou-croûte). Ces Choux doivent être semés en mars, et repiqués à des distances plus ou moins grandes, selon leur volume, par exemple : le Cabage à 25 centimètres (10 pouces); le Quintal à un mètre (3 pieds). Le Quintal et le Chou de Hollande ne sont bons à manger qu'un an après leur plantation. Les Choux suivans, dont on fait le semis depuis mars jusqu'à la fin de juillet, et que l'on mange l'automne et l'hiver suivans, sont frisés et très-tendres : *Chou de Milan, hâtif; Chou de Milan, trapu, frisé, court; Chou de Milan, doré :* excellent ; *Chou de Milan, d'été; Chou Pancalier; Chou de Milan, de la troisième saison; gros Chou frisé et pommé d'Allema-*

gne, le plus volumineux et le plus tardif des Choux de Milan.

Nous ajouterons à ces variétés le *Chou de Brunswick* et le *Chou d'Écosse*, robustes, très-beaux et fort bons ; parmi les Choux cabus : le *Milan à tête longue* ; et, parmi les Choux non pommés : le *Chou caulet de Flandre* ; le *Chou vivace de Daubenton* ; le *Chou frangé d'Ecosse*, et le *grand Chou frisé rouge* ou *Capousta*.

Le *Chou-rave*, ou *Chou de Siam*, soit *blanc*, soit *violet*, soit *nain hâtif*, offre dans sa boule un mets dont la saveur participe du Navet et du Chou ; le *Chou-navet*, *Chou turneps*, ou *Chou de Laponie*, soit *blanc*, soit *à collet rouge* ; le *Rutabaga*, ou *Navet de Suède*, plus jaunâtre et meilleur que le précédent, doivent être semés en mai et en juin à demeure, ou pour être transplantés.

Choux-fleurs. Ses trois variétés, *dur*, *demi-dur*, et *tendre*, sont fort recherchées, et méritent leur faveur. On les désigne généralement sous les noms de Choux-fleurs d'*Angleterre*, de *Hollande*, de *Chypre* et de *Malte*. Comme ce légume a beaucoup de mérite, on en cultive toute l'année : dès le mois de janvier, on en sème sous cloche et sous châssis, que l'on repique également à l'abri, et que l'on protége avec des paillassons. A la fin d'avril, on peut semer en plein air, et l'on continue de même. Pour les semis en plein air, il faut un terrain léger, amendé de terreau, comme pour le semis sur couche, un arrosement fréquent, et une bonne exposition. En été, on sème à l'ombre, pour replanter ensuite en bonne terre, bien fraîche, légère et substantielle. Ce légume veut être tenu fraîchement sur un sol bien ameubli par le serfouissage.

Les *Choux-Brocolis* sont une variété intermédiaire entre le Chou-fleur et le Chou proprement dit : on distingue le *Brocoli commun*; le *Brocoli violet de Malte*, et le *Brocoli blanc.* Leurs jeunes pousses printannières sont très-bonnes à manger; et, comme le Chou qui les produit passe l'hiver en pleine terre sans abri, on obtient dès le commencement du printemps un aliment agréable et sain à une époque où les verdures sont très-rares.

On sème les Brocolis en juin ou en juillet, et on récolte les jeunes pousses dès les premiers jours de mars. On connaît encore sous le nom de Brocolis, ou *blanc*, ou *violet*, ou *violet nain hâtif*, une sorte de Chou-fleur pommé et dont on mange la pomme à la fin de l'hiver, au mois de mars. A l'approche de l'hiver, on le butte, on l'abrite même un peu avec de la fougère, de la paille et du fumier non consommé.

CÉLERI. Non cultivé et abandonné à lui-même, le Céleri est cette plante verte qu'on appelle Ache, et dont on emploie la feuille pour aromatiser les potages avec la carotte, le navet, le chou, etc.

Le Céleri proprement dit, se sème en terrain léger, frais et gras, vers le mois d'avril; on le transplante en juin ou en juillet dans des rigoles que l'on pratique en élevant une partie de terre en lignes parallèles et profondes de 15 à 40 centimètres (6 à 15 pouces), selon que le sol a de profondeur. A mesure que le Céleri prend de l'accroissement, on le chausse avec la terre retirée de la rigole, et que l'on y rabat. On continue cette opération jusqu'à ce que la végétation cesse. Si l'automne est favorable et que le Céleri ait poussé beaucoup, la terre retirée de la rigole y rentre tout entière, et même on butte le plant avec la terre voisine, de manière qu'une nouvelle rigole se forme entre les lignes plantées. A ce moyen, on obtient des tiges longues, tendres et blanches, qui font le plus grand mérite de ce légume. Il faut des arrosemens fréquens, et un bon terrain bien amendé.

Si le sol n'a pas assez de profondeur, au lieu de planter le Céleri au fond des rigoles que nous avons décrites, on le dispose en planches, et pour faire blanchir une partie de ses tiges, on les lie et on les enveloppe de paille qu'il faut serrer avec précaution. Le Céleri en rigole doit être un peu lié et assujéti pour rapprocher et contenir les tiges en terre, afin qu'elles ne s'écartent ni se brisent quand on rabat la crête des rigoles. Pendant l'hiver, on doit mettre le Céleri à l'abri des grands froids.

Les meilleures variétés du Céleri sont le *Céleri creux*; *petit Céleri*, ou *Céleri à coupe*, bon pour fournitures de salade; le *Céleri blanc plein*; le *gros Céleri blanc*, ou *Céleri Turc*, ou *Céleri de Prusse*; le *Céleri nain frisé*; et le *Céleri plein*, soit *rouge*, soit *rose*.

Le *Céleri-rave*, ou *Céleri-navet*, est une variété précieuse de ce légume. Son avantage consiste dans sa racine grosse et ronde comme un navet moyen. On la fait cuire, elle est très-savoureuse et excellente au gras.

Épinards. On cultive deux variétés de ce légume, dont l'une a les graines épineuses, c'est l'espèce commune; et l'autre les a lisses, c'est l'épinard de Hollande.

On sème les épinards à diverses époques, depuis mars jusqu'en octobre, dans un terrain bien fumé, bien meuble, frais, et gras, par rayons éloignés de 15 centimètres (6 pouces); on bine, sarcle et arrose avec soin. C'est le seul moyen d'avoir de beaux plants, de pouvoir en cueillir les feuilles belles, tendres et abondantes.

CARDONS. On cultive deux variétés de cette plante, le *Cardon d'Espagne*, qui n'est pas épineux, et le *Cardon de Tours* qui l'est, et mérite la préférence. En pleine terre, cette plante doit être semée d'avril à mai, dans du terreau consommé, ou au moins dans une terre bien amendée. On transplante, avec soin, à un mètre (3 pieds) de distance ; on serfouit souvent, et on arrose, de manière que le terrain soit tenu meuble et frais. Aussitôt que les feuilles sont suffisamment développées, au mois d'octobre, on les lie, et on les empaille pour les faire blanchir. A l'approche des gelées, on lie la plante, on la butte, et si le froid devient rigoureux, on l'arrache en motte, et on la dépose à la cave, où elle achève de devenir blanche.

§ IV. *Légumes turbinés.*

OGNONS. Il faut nécessairement à cette plante une terre substantielle, mais légère, ameublie par le terreau, le sable ou la charrée, si l'on veut obtenir une récolte très-abondante et des Ognons très-gros.

Après avoir donné deux tours à la terre, l'avoir rendue bien meuble et nette d'herbes et de racines, on la piétine, ou on la foule au rouleau, et l'on sème à la volée la graine d'Ognon ; on recouvre légèrement avec du terreau fin, ou de la terre fine mêlée de sable ou de charrée. Pour peu que la température soit sèche, il est important d'arroser, le soir si le temps est chaud, le matin si l'on craint la gelée. Le piétinement de la terre sous ce semis, comme sous celui des radis, a pour objet d'accroître la grosseur et la rondeur de ces plantes qui perdraient ces avantages en s'enfonçant trop en terre. Dès que l'Ognon est levé, il faut éclaircir, afin que les plantes ne se nuisent pas, et que chaque individu devienne plus fort. A mesure que ce légume prend de la force, il faut sarcler avec soin, et, s'il est trop pressé, arracher encore ce qui peut nuire. On peut repiquer dans les parties dégarnies les jeunes Ognons arrachés, ou en faire une plantation à part. Lorsque l'Ognon approche de sa maturité, c'est-à-dire quand il se détache bien de la terre, qu'il a pris la couleur qui lui convient, et que les fanes se flétrissent, il faut dégager les bulbes trop recouvertes, afin qu'elles puissent s'aoûter et mûrir.

On sème cette plante à diverses époques de l'année. C'est l'Ognon blanc hâtif que l'on préfère pour les semis d'août, destinés à passer l'hiver et à donner leurs produits en mai ou juin. Quand la gelée menace, il est prudent de couvrir les planches avec de la paille, légèrement, pour les en débarrasser aussitôt que le temps s'est adouci. Les semis de mars et d'avril n'ont pas besoin de cette précaution.

Les bonnes variétés de l'Ognon sont l'*Ognon rouge foncé*, l'*Ognon rouge pâle*; l'*Ognon jaune*; l'*Ognon d'Espagne*, qui ne conserve sa saveur douce que dans les contrées méridionales; l'*Ognon blanc gros*; le *Blanc hâtif*; l'*Ognon en poire*; et l'*Ognon d'Egypte*, qu'on multiplie par la plantation des bulbes qui croissent au bout de sa tige.

La *Rocambolle*, espèce mitoyenne pour la saveur entre l'Ognon et l'ail, se propage aussi par de petites bulbes, semblables à celles de l'Ognon d'Egypte.

Aulx. Quoiqu'on fasse, dans les départemens du nord et de l'ouest de la France, beaucoup moins usage de l'Ail que dans le midi, il est bon d'en cultiver et même de s'en servir. Ses gousses ou ognons se réunissent en une tête enveloppée dans une membrane, dont il ne faut les tirer et les séparer que lors de la plantation en mars. Cette méthode vaut mieux que le semis des graines, et produit plus tôt une récolte plus abondante. On reconnaît que les Aulx sont bons à re-

cueillir quand les fanes de la plante se dessèchent.

ECHALOTTES. On les plante aussi de caïeux
ou de bulbes détachées de la membrane qui
en forme une tête. L'Echalotte se pique au
mois de mars, en terre légère; elle doit être
peu enfoncée, et même déterrée en partie,
afin qu'elle ne s'échauffe et ne pourrisse
pas. Elle pousse très-vite; on peut la recueillir dans le mois de juin, et même dans
les années favorables, en faire deux récoltes
consécutives.

CIBOULES. On en compte deux espèces : la
Ciboule vivace, et la *Ciboule annuelle*, dont
les variétés sont la *Ciboule ordinaire*, la *Ciboule blanche* et la *Ciboule hâtive*. La première se cultive en bordure à demeure; on a
seulement soin, lorsque les touffes sont trop
fortes et qu'elles pourraient s'échauffer et
pourrir, de les partager au printemps, et
d'en repiquer les portions éclatées. Les Ciboules annuelles se sèment, soit en mars, soit
en juillet, en terre légère, mais substantielle,
et on repique le jeune plant, aussitôt qu'il
peut supporter la transplantation, à 15 centimètres (6 pouces) d'intervalle, afin que les
touffes puissent se former convenablement.

Ciboulettes, Civettes, Cives. Cette petite plante vivace, qui est d'un fréquent usage, se plante en bordure par petites touffes, qu'il faut séparer aussitôt qu'elles deviennent trop grosses. Elle veut une terre légère et substantielle, une exposition chaude, un sol sain, et des arrosemens fréquens. Au commencement de novembre, on coupe toutes les feuilles, et on couvre légèrement les pieds d'un peu de terreau, de l'épaisseur de 25 millimètres (1 pouce) environ. Plus on coupe fréquemment la Ciboulette, plus ses petites tiges sont tendres et savoureuses.

Porreaux. Dans une terre préparée comme celle qui doit recevoir l'Ognon, excepté qu'elle ne doit pas être piétinée, on sème en mars la graine de Porreau, à la volée et plutôt clair que dru. Aussitôt que la *Porrette* (ou jeunes Porreaux) est un peu forte, c'est-à-dire quand les tiges ont 20 à 25 centimètres (8 à 10 pouces) de hauteur, on arrose à plusieurs reprises, et on arrache le jeune plant pour le repiquer dans des planches bien amendées, bien grasses et fraîches, dont le sol ait de la profondeur. Les jeunes Porreaux sont placés à 15 centimètres (6 pouces) de distance en tous sens dans des trous faits au plantoir et profonds de 10 à 13 centimètres (4 à 5 pouces). On ramène et presse légèrement la terre autour de la plante ; on arrose fréquemment, on bine et sarcle soigneusement. Quelques jardiniers ont l'habitude de planter le Porreau en rigole, et, à mesure qu'il croît, de rabattre la terre et même de butter les rayons. A ce moyen, la partie blanche du Porreau a plus de longueur.

§ V. *Légumes vivaces.*

ASPERGES. Le terrain qui convient le mieux aux Asperges, est un composé de terre calcaire, de sable, de terre franche et de terreau. Comme l'Aspergerie doit subsister un certain nombre d'années, on fait choix, dans le jardin, du terrain le plus convenable pour ce genre de culture. On défonce l'emplacement de 45 centimètres (18 pouces). On rétablit dans la fosse 8 centimètres (3 pouces) de bonne terre, sur laquelle on place à la distance de 35 centimètres (14 pouces) en tous sens une griffe d'Asperge bien choisie, âgée de deux ans et récemment arrachée. Cette opération doit se faire au commencement de mars. La fosse se recouvre de 15 à 20 centimètres (6 ou 7 pouces) de bonne terre, terreau, curures de fossés bien mûries, fumiers bien consommés, débris de chaux de vieux murs, terres de voiries, etc., selon que l'on peut avoir ces objets à sa disposition. Il est prudent de fixer des piquets auprès de chaque griffe d'Asperge, afin qu'on puisse sarcler et biner le terrain sans être exposé à marcher sur les jeunes plants. Tel est le travail de la première année. La seconde, il faut à la fin de février, découvrir les Asperges jusqu'auprès de la griffe; remettre dessus 3 centimètres (1 pouce) de terreau consommé, et 8 centimètres (3 pouces) de fumier bien mûri et devenu presque terreau ; et recouvrir de 8 autres centimètres (3 pouces) de la bonne terre qu'on avait retirée de la fosse pour faire le travail que nous venons de prescrire. On continuera, comme l'année précédente, de sarcler et de serfouir avec précaution. A la troisième année, on renouvellera l'opération de l'année précédente ; c'est-à-dire qu'au mois de février on découvrira de nouveau les griffes, qu'on mettra 8 centimètres (3 pouces) de fumier consommé et 25 centimètres (9 pouces) de terreau. Cette année, on pourra, pendant quinze jours au plus, couper les plus grosses Asperges seulement, afin de ne pas affaiblir les pieds moins vigoureux. La quatrième année, on renouvellera la même opération que la précédente ; on ajoutera 3 centimètres (1 pouce) de terreau de plus, et l'on coupera les plus fortes Asperges jusqu'au commencement de juin. Les années suivantes, on les coupe sans inconvénient jusqu'au premier juillet. Désormais l'Aspergerie a besoin de beaucoup moins de soins : on se borne en février à serfouir légèrement, à remplacer 5 centimètres (2 pouces) de la terre supérieure par 8 centimètres (3 pouces) de fumier consommé ; à laisser monter les Asperges faibles et les tardives, dont on coupe les rameaux à deux pouces au-dessus du sol, vers la fin d'octobre ; et à jeter sur l'Aspergerie des feuilles, de la fougère et de la bruyère, qu'on retire au rateau après les gelées. Comme les griffes ou pates d'Asperges remontent chaque année vers la surface du sol, il faut le recharger et l'élever de 25 à 50 millimètres (1 ou 2 pouces). Au bout de 15 à 20 ans, l'Aspergerie a besoin d'être renouvelée ; mais, comme elle est d'un bon rapport, et que l'Asperge est le plus délicat, le plus nourrissant et le plus sain des légumes, on est bien amplement dédommagé des frais et des soins, par les productions qu'on obtient.

Il est une autre méthode de former l'Aspergerie : elle offre l'avantage d'éviter la transplantation ; mais elle retarde de deux ans les jouissances du propriétaire. On prépare, comme nous avons enseigné, la fosse qui doit recevoir, au lieu de griffes, les graines recueillies bien mûres, et conservées bien sèches et bien nettoyées. Elles seront mises trois ou quatre à la fois, et recouvertes de

denx pouces de terreau. Il faut sarcler, arroser, et réduire les plants à un seul. A la fin
d'octobre, on établit sur la fosse, et sur chaque plant, 8 centimètres (3 pouces) de la
bonne terre dont nous avons parlé dans la première méthode. La seconde année, on continuera de sarcler, de biner et d'élever le terrain. Chaque année on fera de même, jusqu'à ce que les fosses soient comblées. On ne
coupera les Asperges, que lorsqu'elles seront
grosses, et comme nous l'avons indiqué.

La récolte des Asperges exige aussi quelques
soins. On ne doit entrer dans l'Aspergerie
qu'avec précaution, afin de ne pas écraser
sous les pieds les turions ou jeunes pousses
prêtes à poindre. C'est de 5 à 8 centimètres
(2 à 3 pouces) sous terre qu'il faut couper.
Si l'on veut obtenir de la graine, il est à propos de réserver quelques belles pousses bien
vigoureuses, que l'on remarquera pour n'en
pas confondre les baies avec celles des tiges de
rebut.

Les meilleures variétés de l'Asperge sont :
l'*Asperge blanche* ou *de Hollande*; la *grosse
Asperge violette*; et l'*Asperge verte*.

Artichauts. On peut multiplier cette plante
par les semis ou par les œilletons ou filleuls,
qu'on détache des gros pieds avec un couteau,
et qu'on replante à demeure. Cette dernière

méthode est la plus avantageuse. L'Artichaut
veut une terre profonde, grasse, bien amendée et ameublie. Le sol sera défoncé de 45
centimètres (18 pouces), et les œilletons établis au mois de mars ou d'avril, en rayons à
la distance d'un mètre (3 pieds) en tout sens.
Il faut sarcler et serfouir, arroser le plant tant
qu'il est jeune, et couvrir pendant l'hiver
avec de la litière, de la fougère, ou de la
paille de pois, que l'on assujettit, pour préserver cette plante de la gelée. On lui donne un
peu d'air quand les gelées sont passées, et on
finit par la découvrir au retour du beau temps.
Les jeunes pieds ne produisent qu'à l'automne, et ne donnent même que de petits
Artichauts; tandis que les vieux pieds produisent de bonne heure de grosses têtes bien
nourries. Toutefois il ne faut pas que les pieds
vieillissent trop, ils rapporteraient moins,
et les productions seraient petites et coriaces.
Il faut renouveler le plant d'Artichaut par
quart ou par tiers, tous les ans. Il résulte de
cette méthode l'avantage d'avoir, sur les nouveaux pieds, des Artichauts, petits à la vérité, mais tendres, mais à une époque de
l'année, où les gros pieds n'offrent plus rien,
ou n'ont plus que des Artichauts durcis par la
chaleur de l'été. Il est prudent de laisser quelques belles têtes pour graine, afin de pouvoir
remplacer par le semis ce qui viendrait à pé-

rir, si on perdait même les œilletons qu'il est bon de détacher en septembre du quart de vieux pieds que l'on se propose de supprimer au printemps suivant. Ces œilletons se placent en pépinière, et doivent être bien abrités pour être conservés très-sains, très-bons pour les plantations de mars ou d'avril.

Quand la terre est légère, que le sol n'est pas trop humide, on peut butter les Artichauts pour leur faire passer les rigueurs de l'hiver, en ayant soin toutefois de recouvrir avec la litière, et comme nous avons indiqué plus haut. Dans les terres fortes et humides qui feraient pourrir les Artichauts, si l'hiver était pluvieux, il faut se borner à couvrir sans butter. Pour éviter de les faire pourrir, il est convenable de ne couvrir les Artichauts que par un temps sec.

Quand la saison a permis de découvrir définitivement les Artichauts, il faut retrancher les œilletons superflus, les mauvaises feuilles, nettoyer les pieds, les serfouir, arroser quand il convient, et bécher à peu de profondeur la terre qui se trouve entre chaque pied, de manière à ne pas endommager les racines. Lorsqu'on cueille les Artichauts, on coupe les tiges au niveau du sol. Quand les pieds d'Artichauts ont produit de bonne heure, et qu'ils sont dépouillés des tiges, bien serfouis, bien arrosés, ils produisent ordinairement une seconde récolte pourvu que les beaux jours d'automne se multiplient, et que les pieds aient deux ans, c'est-à-dire soient dans leur plus grande force. On peut empailler en automne quelques œilletons, que l'on fait ainsi blanchir, et qui donnent des produits analogues aux cardons.

Les Artichauts offrent plusieurs variétés. Les plus avantageuses sont l'*Artichaut vert* ou *commun*, gros, robuste et productif; l'*Artichaut violet*, moins gros et moins fécond, le meilleur à manger cru après l'*Artichaut rouge*, qui est le plus petit de tous; l'*Artichaut blanc*, précoce, mais très-petit et peu robuste; et l'*Artichaut de Gênes*, petit, vert, et sucré, mais qu'il est difficile de conserver tel qu'on l'a reçu.

§ VI. *Cucurbitacées.*

MELONS. Les Melons devant toujours croître dans une terre composée, on peut établir la Melonnière dans un endroit déterminé, et même, pour le mieux, dans un lieu isolé des autres plantes de même genre, telles que les concombres, les citrouilles, etc., dont les fleurs, mêlant leurs étamines ou poussières à celles du Melon, l'abâtardissent, et le font promptement dégénérer. Dans tous les cas, la Melonnière ne saurait trop être exposée au soleil et à l'abri des vents et de l'humidité.

Les Melons ne viennent bien que sur couche. On la creuse de 60 centimètres (2 pieds) et on lui donne 1 mètre au moins (3 à 4 pieds) de largeur. Le fond de la couche sera occupé par un pied de fumier frais de cheval, seulement imbibé d'urine et privé de crottin, bien foulé et pressé. C'est dessus qu'on étend 20 à 25 centimètres (10 pouces environ), venant du nord au sud à 17 centimètres (6 à 7 pouces) en pente douce, de terreau composé comme il suit : 1° moitié terre franche ; 2° un quart de terreau gras et vif ; 3° un quart dans lequel on fait entrer, par parties à peu près égales, du crottin de mouton, du crottin de mulet, d'âne, ou de cheval, de la fiente de pigeon, de la bouse de vache bien consommée, et de la poudrette ou poudre végétative. Les terres d'égout, les boues de voirie, les curures de mares ou de fossés, bien mûries et maniées, rendent cette composition meilleure encore. Elle doit, avant d'être étendue sur le fumier de la couche, avoir été passée à la claie et mélangée.

En Allemagne et en Hollande, les jardiniers composent leur terre à couche d'un tiers de terre grasse, d'un tiers de curures, et d'un tiers de terreau bien consommé, mûris ensemble pendant un an et fréquemment mêlés

et maniés. Miller recommande pour l'Angleterre deux tiers de terre grasse et légère avec
un tiers de fumier de vache, réduit en terreau et bien manipulé pendant un été et l'hiver
suivant.

On fait les couches en mars ou en avril ou
même en mai, selon que le climat est plus
ou moins favorable aux primeurs.

La fermentation s'établit bientôt dans le
fumier de cheval, et pousse sa chaleur dans
le terreau qui le recouvre. On s'aperçoit, en
enfonçant la main, que ce terreau est devenu
chaud, et jette son feu : c'est ordinairement
du troisième au huitième jour. Il faut laisser
évaporer cette première chaleur, qui brûlerait
les graines ou les jeunes plants. Aussitôt que
le feu est un peu diminué, on place sous les
cloches de verre ou tout au moins de papier
huilé, éloignées l'une de l'autre d'un à deux
mètres (3 à 6 pieds), soit trois jeunes plants
de Melon, soit cinq ou six graines. Quand le
plant est devenu un peu fort, on ne laisse
qu'un ou deux pieds par cloche. Pour le plus
avantageux, on ne fait la couche que lorsqu'on a de jeunes plants à sa disposition, levés
dans de petits pots sous des châssis. On n'a
recours aux graines sur couche que lorsqu'on
est privé de la ressource des châssis. Quand
on transplante les jeunes Melons, on coupe
le pivot de la racine, on pique avec le doigt ,

on presse légèrement la terre autour de la plante ; on arrose un peu, et on couvre soigneusement, afin que le soleil ne fasse pas dessécher ce plant fort délicat. Il reprend facilement, et pousse assez vite, surtout si on ne néglige pas de donner tous les jours un peu d'air aux cloches, si on les recouvre de paillassons pendant la nuit tant qu'il fait froid. Dès que la cime et les quatre bras ou courans du Melon sont bien déterminés, on coupe avec l'ongle ou avec un canif la cime et deux des bras, soit sur les cotylédons ou oreilles, soit à côté. Ces cotylédons ne doivent pas être enlevés, pas plus que les fleurs mâles ou fausses fleurs qui naissent sur les Melons et toutes les autres plantes du même genre. On réchauffe les couches, quand elles sont refroidies, avec du fumier de cheval pareil au premier que l'on a employé ci-dessus, et qu'on établit dans des rigoles étroites et profondes tout autour de ces couches. Les Melons, comme les autres cucurbitacées, étant des plantes grasses, n'ont besoin que de légers arrosemens peu fréquens, et qui ne doivent jamais atteindre ou mouiller les feuilles ni les tiges. L'humidité doit parvenir aux racines à travers la terre, sans s'étendre au-delà du pied.

Les deux bras conservés poussent vigoureusement, et ne tardent pas à sortir des clo-

ches, que l'on a exhaussées au moyen de petites planchettes debout, et que l'on élève à
mesure que la plante, devenue volumineuse,
exige leur élévation plus considérable. Ces
bras, comme les branches qu'ils produisent,
doivent être coupés ou rabattus au-dessus du
troisième nœud, si la branche est forte ; et
au-dessus du deuxième seulement, si cette
branche est faible. Les amputations se font
pour le mieux avec un canif, et pour cicatriser plus tôt la plaie, on jette dessus un peu
de verre pilé ou de terre en poussière sèche,
ou de tabac, qui dessèche promptement la
sève qui s'écoulerait et affaiblirait la plante.

Les graines de deux ou trois ans ont la réputation d'être les meilleures, en ce que les
pieds qu'elles donnent ont moins de cette vigueur surabondante, qui n'est qu'une force
apparente et un luxe stérile.

Quand le Melon a des fruits arrêtés, certains, et gros comme le poing, on déplace
les cloches pour les poser sur les plus beaux,
afin de favoriser leur développement et d'accélérer leur maturité. Si la chaleur est trop
vive, vers onze heures jusqu'à deux heures,
il est prudent de couvrir un peu la cloche
avec une petite pièce de grosse toile, afin de
préserver les plantes ou les fruits de la violence des coups de soleil. Il est nécessaire de
placer une ardoise ou une tuile sous les Me-

lons, dès qu'ils sont gros comme une orange.

Une Melonnière doit être visitée tous les deux ou trois jours, bien surveillée, sarclée et même serfouie avec soin.

Le Melon, une fois noué ou arrêté, parvient à maturité en 40 à 60 jours, suivant la saison, l'exposition, le climat ou l'espèce. Il est bon à cueillir, lorsqu'il est devenu odorant, bien formé, et qu'autour de la base de la queue il se forme une petite déchirure.

Dans les températures chaudes, on peut semer les Melons en plein champ, dans de petits creux carrés de 40 à 45 centimètres (15 à 18 pouces) d'ouverture, au fond desquels on établit quelques pouces de fumier, sur lequel on étend 15 à 25 centimètres (6 à 9 pouces) de bonne terre, de manière que, surtout au nord et à l'est, la terre fasse un bourrelet de 8 à 16 centimètres (3 à 6 pouces) d'élévation pour abriter un peu la jeune plante, jusqu'à ce qu'elle ait acquis de la force et que la chaleur se soit accrue.

Les meilleures variétés du Melon sont : 1° *Melon maraicher; Sucrin de Tours; Melon de Langeais; Melon des Carmes; gros Melon de Honfleur; Melon de Coulommiers;* oblongs, ronds, brodés; 2° *Cantaloup orange; Cantaloup fin hâtif; Cantaloup noir des Carmes; Petit Prescott; Gros Prescott; Boule de Siam; Gros Cantaloup noir de Hollande;*

Gros Portugal; *Cantaloup Mogol à chair verte*, *à chair blanche*, *etc.*; ronds et de forme inégale, peu ou point de broderie. 5° *Melon de Malte à chair blanche*; *Melon de Malte à chair rouge*; *Melon de Morée à chair rouge*; *Melon de Candie*; *Melon de Malte d'hiver*, que l'on peut conserver très-tard pour mûrir à la cave ou à la fruiterie.

Concombres. En mars ou au commencement d'avril, on sème le Concombre sur couche ou dans du terreau placé sur 20 à 25 centimètres (7 à 10 pouces) de fumier de cheval; quand on ne se propose pas de l'abriter sous des cloches, on ne le met en terre qu'au commencement de mai. Il n'exige que très-peu d'arrosemens; il faut le pincer comme le Melon, mais seulement au quatrième œil, à moins que les bras ne soient faibles. Le Concombre qui produit les Cornichons ne diffère pas pour la culture de celui qui produit des fruits bons à manger. On donne la préférence aux variétés suivantes : le *Concombre blanc* de Paris; *Concombre hâtif de Hollande*; *Concombre jaune long*; *Concombre Cornichon vert petit*; et le *vert long*.

Citrouilles. Cette cucurbitacée, qui fournit pour la table des mets très-délicats, et qui a l'avantage de donner, dès la fin de l'été, des fruits que l'on conserve plusieurs mois et même jusqu'à l'été suivant, n'exige pas beaucoup de soins pour sa culture. Un peu de fumier de cheval, et, comme pour les Melons et les Concombres, de 20 à 25 centimètres (environ 10 pouces) de terreau ou terre légère, mélangée avec un peu de terre forte, lui suffit sans autre culture que d'arrêter les bras en les pinçant lorsqu'il y a trois ou quatre fruits bien noués, sous lesquels on place une ardoise ou une tuile pour les empêcher de pourrir. Quand on a à sa disposition une couche à Melons, on y fait lever les graines de Citrouilles, et on plante à demeure les jeunes pieds aussitôt qu'ils ont quatre ou cinq feuilles, sans compter les cotylédons. Ces semis se font à la fin de mars. On place ordinairement la Citrouille dans quelques coins négligés, où elle puisse étendre ses longs bras sans nuire à des cultures profitables. Voici le nom des meilleures variétés : le *Potiron* ; *le Giraumon turban*, très-sucré ; *la Courge melonnée ou Musquée de Marseille* ; *le Giraumon noir* ; *le Giraumon long de Barbarie ou Courge longue à bandes* ; *la Courge à la moelle*, à chair douce ; *le Patisson, Bonnet d'électeur, ou Artichaut de Jérusalem* ; *la Pastèque, Citrouille - Pastèque ou Melon d'eau*, qui ne mûrit que dans les pays très-chauds ; et les *Courges*, que, comme les Coloquintes, on ne cultive qu'à cause de la bizar-rerie de leurs formes, la variété de leurs cou-leurs ou l'utilité de leur écorce, qui sert à faire de petits vases.

MELONGÈNES ou AUBERGINES. Cette plante délicate ne vient bien, dans les températures du centre et du nord de la France, que lors-qu'elle est cultivée sur couche et sous cloche. On la sème alors comme le Melon; et, dès qu'elle est un peu forte, on la transplante au pied d'un mur ou d'une palissade au midi. Son fruit mûr en septembre, est très-bon cuit, grillé, ou en friture. Parmi les variétés utiles de l'Aubergine, on distingue celles dont les fruits sont ou *ronds*, ou *ovales*, ou tout-à-fait *longs*, et de couleur violette.

§ VII. *Salades.*

MACHE. Cette salade précieuse, en ce qu'on la cueille pendant les hivers un peu doux et dès le commencement du printemps jusqu'à l'été, se sème en terre légère tous les quinze jours, afin d'en avoir sans interruption, tant qu'on en désire. Il faut peu recouvrir de terre la graine qui est fort petite, et donner quel-ques arrosemens s'il fait sec. Au surplus, il suffit de suspendre au haut de quelques qué-nouilles, ou rames, ou piquets, des pieds en graine ; elle se répand partout et lève sans soin à travers le jardin, où il est facile de la cueillir. Cette plante peut se semer dans les champs et les pépinières, où elle vient sans culture, une fois qu'on y en a semé et laissé grainer. On en connaît plusieurs variétés : la *Mâche commune, la Mâche ronde*, qui est la meilleure; et la *Mâche d'Italie*, à feuilles larges, pâles, et un peu moins tendres que celles des précédentes, mais ayant plus de saveur.

Raiponce. Il est fort difficile de faire lever cette plante, dont la graine est excessivement petite : il faut la semer en juin, sur terre légère, l'arroser et couvrir de rameaux verts ou de paille courte, de manière à maintenir le terrain frais, léger et ombragé. Il serait bon, en la semant, de jeter dessus un peu de terre de bruyère, pour recouvrir très-peu; si l'on n'a pas de cette terre, il vaut mieux semer sur le sol. A la fin de l'hiver, et jusqu'en mai, on mange, en salade, les feuilles et les racines de la Raiponce.

Cresson d'eau ou de fontaine. On mange cette plante, soit en salades, soit en entourage de bœuf bouilli et de viandes rôties. Pour la multiplier, il suffit d'en semer sur le bord des eaux vives, ou d'y en jeter quelques racines ou même de simples épluchures. Ce Cresson est le meilleur. Lorsqu'on n'est pas à proximité des eaux vives, on peut obtenir du Cresson, en le multipliant dans une mare ou près d'un puits dans un cuvier plein d'eau, que l'on entretient, et dans lequel on met un peu de terre. Ces cuviers rentrés à la fin d'octobre, et mis à l'abri des gelées, donnent du Cresson pendant l'hiver. Le Cresson, pour être tendre, doit être coupé tous les quinze jours jusqu'au mois de juillet; alors on en laisse monter pour graine quelques tiges, qui propagent la plante.

CRESSON ALÉNOIS. Il s'emploie en salade ou en accompagnement de viandes. Toute sorte de terre à peu près lui convient, pourvu qu'elle ne soit pas trop forte et dure. Il suffit d'arroser de temps en temps. Comme il monte promptement en graine, on en sème un peu tous les dix ou quinze jours, à partir du mois d'avril.

Le *Cresson de terre* ou *Cresson vivace* ou *Velar barbarée*, vient très-bien en terre franche, pourvu qu'elle soit légère et fraîche. Le *Cresson des prés*, plante vivace, ne se plaît que dans les terrains humides. Tous ces végétaux ont le même emploi.

POURPIER. On sème cette plante, qui produit des salades et des fournitures, et peut entrer dans les potages aux herbes, au commencement de mai, et de quinze en quinze jours jusqu'à la mi-juillet. La graine se jète sur terre légère et grasse, ou du moins se recouvre très-peu. Elle doit être abritée jusqu'à ce qu'elle soit levée. Plus on arrose le Pourpier, plus il se fortifie et s'étend, mais aussi moins il a de saveur. Ses variétés se réduisent à deux : le *Pourpier doré* et le *Pourpier vert*. Le premier est le meilleur.

Laitue. Qu'on sème cette excellente salade, soit à demeure, soit pour repiquer, il faut choisir une terre légère et grasse, bien ameublie, bien préparée. On peut en manger à peu près toute l'année, au moins pendant trois saisons. La Laitue qui doit passer l'hiver pour être mangée au printemps, est semée en septembre et plantée à la fin d'octobre. Dans les hivers doux, elle prospère fort bien ; dans les temps rigoureux, on peut la couvrir un peu avec des chenevottes, quelques feuilles légères, ou de la paille hachée. Les petites Laitues, exposées aux alternatives des nuits froides et du soleil de midi, pendant les gelées, périssent presque toutes : ces alternatives sont en général plus funestes aux plantes délicates, que la continuité du froid. Les Laitues d'hiver, conservées en pépinière, comme certaines espèces de chou, se plantent en bordure au mois de mars, et ne tardent pas à être bonnes à cueillir. Il faut moins de travail et de terrain pour cette méthode, que pour le repiquage en automne. On sème la Laitue pour la belle saison, depuis le mois de mars jusqu'à la fin de juillet : celle de l'été réussit rarement. Cette plante a produit une nombreuse quantité de variétés, dont les meilleures sont : 1° *Laitue gotte*; *Laitue à bord rouge*; *Laitue dauphine*, précoces; 2° *Laitue de Versailles*, à grosse pomme; *Laitue blonde à graine noire*; *Laitue blonde paresseuse* ou *jaune d'été*; *Laitue blonde trapue*; *Laitue Batavia*, *blonde* ou *Silésie*; *Laitue chou* ou *Batavia brune*; *Laitue Turque*; *Laitue Impériale*; *Laitue de Gênes*; *Laitue méterelle*; *Laitue grosse brune paresseuse*; *Laitue Palatine*; *Laitue sanguine à graine blanche*; *Laitue sanguine à graine noire*, toutes d'été; 3° *Laitue de la Passion*; *Laitue Morine*; *Laitue petite crêpe :* ce sont trois variétés d'hiver; 4° *Laitues à couper :* on préfère les variétés précoces, telles que la Gotte, les Crêpes, celles dont les feuilles ont une teinte blonde; la *Laitue chicorée*, ainsi nommée parce que ses feuilles sont crêpues; et la *Laitue épinard*, à feuilles découpées.

Chicon. Les Chicons ou Laitues romaines

se cultivent comme les Laitues, excepté que les premiers se lient pour devenir plus tendres. Par un jour sec, on réunit en faisceau les feuilles, lorsqu'elles sont parvenues à leur grandeur naturelle, on les lie avec du jonc, de la laine ou des écorces vertes de petites branches d'orme ou de saule; au bout de huit à dix jours, le Chicon est bon à couper et à manger. Ses Variétés préférables sont le *Chicon vert hâtif*; le *Chicon vert maraicher*; le *Chicon gris maraicher*; le *Chicon vert d'hiver*; le *Chicon gros gris d'été et d'hiver*; le *Chicon rouge d'hiver*; l'*Alphange blond*; le *Chicon panaché* ou *sanguin*; le *Chicon blond maraicher*; et le *Chicon blond de Brunoi*.

CHICORÉE. Il faut à la Chicorée que l'on sème, une terre semblable à celle que l'on emploie pour les salades précédentes. La culture est la même, et l'époque de l'ensemencement ne diffère pas. Pour faire blanchir la Chicorée, on la lie comme le Chicon, ou l'on applique sur la plante, dont on étend les feuilles au lieu de les rassembler, une ardoise, une tuile ou une pierre plate. On cultive aussi la Chicorée pour la couper jeune : c'est la Chicorée sauvage que l'on consacre à cet usage pour la belle saison, ainsi qu'à produire la Barbe-de-capucin pour l'hiver. Voici le procédé que l'on emploie : dans une cave, on établit en novembre, soit un tonneau percé circulairement de trous, et que l'on remplit de sable et de terre légère mélangés, soit un monceau de terre dressé et assujetti par des briques ou des pierres, séparées par de légères ouvertures. C'est dans ces interstices, qu'on plante des pieds de Chicorée. On humecte un peu, pour tenir la terre fraîche. Au bout de quelques jours, on peut couper les jeunes feuilles, qui, privées de lumière et de grand air, sont blanches et tendres. Cette coupe se renouvelle de temps en temps, et produit beaucoup.

Les variétés purement jardinières sont la *Chicorée blanche* ou *frisée*; l'*Endive* ou *Chicorée de Meaux*; la *Chicorée fine d'Italie*; la *Chicorée toujours blanche*; la *Scarole* ou *Chicorée-Laitue*.

§ VIII. *Herbages potagers.*

OSEILLE. Pour ne pas occuper un terrain que l'on peut employer à d'autres cultures, on ne dispose l'Oseille qu'en bordures. Elle sert même à contenir les terres et à bien déterminer les allées. Cette plante doit s'élever de graine que l'on sème en avril ou mai, en rayon sur terre bien ameublie, et légèrement recouverte d'un peu de terreau. Il faut arroser, sarcler et même abriter le jeune plant contre les chaleurs trop vives, jusqu'à ce qu'il ait acquis assez de force. On éclaircit, afin que les pieds trop rapprochés ne se gênent pas. Ces pieds peuvent durer de cinq à dix ans : il suffit de les serfouir, de les sarcler, et d'enlever les rejetons qui ne laisseraient pas d'intervalle libre entre les touffes. Pour maintenir les bordures d'Oseille en bon état, pour en obtenir de belles feuilles en abondance, il faut tous les trois ou quatre ans arracher une bordure, rafraîchir les racines, et séparer les touffes en plusieurs pieds. C'est ainsi que, pour jouir plus tôt, on plante souvent l'Oseille lorsqu'on peut s'en procurer une quantité suffisante.

Pendant l'hiver, l'Oseille a besoin d'être légèrement recouverte de crotin, de fiente de poules, ou au moins de fumier de vacherie, qui la protége contre le froid, et amende le terrain. On ne la couvre ainsi, qu'après avoir, en novembre, coupé, trois ou quatre jours à l'avance, toutes les feuilles vives de cette plante.

Il est prudent d'avoir une ligne de bordure à l'ombre, afin d'obtenir de l'Oseille pendant les grandes chaleurs, et de l'obtenir un peu douce; car, dans l'ardeur de l'été, ses feuilles ont une acidité trop forte. Il est bon aussi d'en planter une ligne bien abritée et bien exposée au soleil, afin d'en pouvoir cueillir dès la fin de l'hiver.

A moins qu'on n'ait besoin de graine, il ne faut pas laisser monter l'Oseille : le travail de la fructification altère toujours et fatigue les plantes.

Les meilleures variétés de l'Oseille sont l'*Oseille Vierge*, qui ne monte pas et qu'on multiplie de rejetons ; l'*Oseille de Hollande*, à larges feuilles ; et la *Petite Oseille*, Oseille ronde, d'une acidité remarquable.

ARROCHE. Cette plante annuelle sert pour adoucir l'Oseille avec laquelle on la mêle ordinairement, en plus ou moins grande quantité. Elle entre aussi dans les potages avec les autres racines et plantes potagères. On la sème en mars, à la volée, à travers le jardin ; et depuis, pour peu qu'on en laisse grainer un ou deux pieds, elle se multiplie d'elle-même, et souvent plus qu'on n'en a besoin. Trois variétés d'Arroches sont cultivées dans nos jardins : ce sont l'*Arroche jaune* ; l'*Arroche rouge* ; et l'*Arroche sanguine* ou *rouge foncée*.

BETTE ou POIRÉE. On sème au mois de mars pour l'été, et en août pour le printemps suivant, soit en planche, soit en bordures, cette plante employée dans les cuisines et dont il suffit d'avoir quelques pieds. Les feuilles se détachent à mesure qu'on en a besoin ; et, pour en obtenir de plus tendres, on enlève celles qui sont parvenues à toute leur croissance. La Poirée se repique sans difficulté.

Il est une variété de Bette qui est très-recherchée : c'est la Carde – Poirée, dont on mange les côtes des feuilles cuites comme le Céleri et les Cardons, soit au gras, soit à la sauce. Cette dernière espèce doit être semée en planches, en rayons, et éclaircie au point de laisser 30 à 40 centimètres (12 à 15 pouces) de distance entre chaque pied. On peut aussi la semer et la replanter en planche. On la sème aux mêmes époques que la précédente.

La Bette et la Carde-Poirée durent deux ans.

Persil. Cette plante, si fréquemment employée dans les alimens, est bisannuelle. Ainsi, il faut en semer tous les ans, afin d'avoir toujours des pieds productifs. Le Persil aime les terres bien exposées au soleil, les pierres, les murs, le gravier. Il s'y enracine fortement, produit beaucoup, et y est très-parfumé. Il faut le semer en rayon, en bordure, arroser souvent, et ne sarcler que lorsqu'il est déjà un peu fort. La graine reste quarante jours en terre. Pour empêcher le Persil de monter en graine, il faut le couper souvent : c'est d'ailleurs un moyen d'avoir de meilleures feuilles, et de conserver les pieds plus long-temps.

Les principales variétés, sont le *Persil à grosses racines*, bonnes à manger cuites; le *Persil à larges feuilles*; le *Persil frisé*; le *Persil panaché*; et le *Persil commun*, qui est le meilleur et le plus robuste.

CERFEUIL. Le Cerfeuil étant une plante annuelle, et ne tardant guère à monter en graine, il est à propos, tous les quinze jours, d'en semer dès le commencement de mars jusqu'au mois d'octobre. Ce dernier peut passer l'hiver, s'il est placé au pied d'un mur et un peu abrité. On sème le Cerfeuil dans un terrain léger, doux et bien amendé, par rayons plutôt qu'à la volée. Les semis de primeur doivent se faire à une exposition chaude; ceux de l'été et des temps chauds, dans une terre fraîche et légèrement ombragée. Le *Cerfeuil commun*; le *Cerfeuil frisé*, sont annuels; et le *Cerfeuil d'Espagne*, ou *Cerfeuil musqué*, qui est vivace et se multiplie pour le mieux d'éclats détachés des gros pieds, sont les trois variétés cultivées de cet herbage, si souvent employé et si agréable par son parfum.

ACHE. C'est le Céleri abandonné en quelque sorte à lui-même, restant vert, et dont on met à profit les feuilles pour donner une saveur agréable aux potages, dans lesquels on la met avec les Navets, les Porreaux, les Carottes, etc.

BOURRACHE. Cette plante se sème d'elle-même, une fois qu'il y en a eu dans un jardin. Il en est à cet égard de la Bourrache comme de la Mâche. Les feuilles tendres de la Bourrache s'emploient dans les potages avec l'Oseille, les Bettes; etc.; et ses fleurs, d'un beau bleu, servent à garnir agréablement les Salades, ainsi que les fleurs de la Capucine.

ESTRAGON. Plante vivace, dont les feuilles très-aromatiques servent à parfumer les vinaigres, les conserves de Cornichons, etc., et que l'on emploie dans les salades. Elle se mange rarement cuite : toutefois, elle entre en assaisonnement avec les Arroches, les Bettes, les Carottes et les autres légumes à potages. On multiplie l'Estragon par ses éclats enracinés; et, pour l'avoir tendre et agréable, il est à propos de couper souvent les tiges, qui finiraient par durcir et monter.

§ IX. *Fournitures.*

Plusieurs des plantes dont nous venons de parler, servent autant employées en fournitures vertes, que consommées après leur cuisson. Celles dont nous allons parler sont, presque toutes, destinées à être mangées crues, ou à servir uniquement pour parfumer et aromatiser, pour entrer dans des remèdes ou des préparations étrangères à nos cuisines.

PIMPRENELLE. Cette plante vivace vient dans toutes sortes de terres, soit grasses, soit maigres; mais elle développe des feuilles plus amples et plus nombreuses dans un sol frais et gras. C'est une fourniture très-agréable pour les salades, et surtout pour les Laitues.

FENOUIL. C'est aussi une plante vivace; elle est très-odorante. On emploie ses tiges pour envelopper et faire griller les maquereaux et quelques autres poissons. On s'en sert aussi, mais en faible quantité, pour fourniture. La petite variété se rechausse comme le Céleri, et se mange comme lui. Sa graine entre dans la composition de quelques liqueurs.

SARIETTE. On en connaît deux variétés : l'une annuelle, qui se sème en avril ; et l'autre vivace, que l'on multiplie, soit de graine, soit de parties éclatées avec racines. Les jeunes pousses de la Sariette parfument agréablement les fèves de marais, avec lesquelles on la fait cuire.

ANGÉLIQUE. Il est assez difficile de faire lever l'Angélique, dont la graine veut être semée sur terre bien amendée, à l'ombre, et seulement recouverte d'un peu de poussière de terreau. Ses feuilles, très-agréablement parfumées, se confisent au sucre. On repique en place le jeune plant dans un lieu frais; et, pour que la plante obtienne tout son parfum, on l'établit de manière que la racine se trouve fraîchement, et que les feuilles jouissent des avantages du soleil.

CORIANDRE. On sème en place, au mois de mars, cette plante annuelle, dont les graines seules sont employées pour la cuisine et les liqueurs. Elle veut une terre meuble, amendée et fraîche.

CAPUCINE. Cette plante annuelle, très-agréable à cause de l'éclat de ses fleurs nombreuses, produit des boutons que l'on cueille pour confire au vinaigre avant qu'ils soient ouverts, et des graines qui, vertes et tendres encore, s'emploient au même usage. On sème la Capucine en avril, ou au commencement de mai, aussitôt qu'on n'a plus à redouter les gelées, auxquelles la plante est très-sensible. Comme elle s'élève beaucoup, il lui faut des rames, ou le voisinage d'un mur et de palissades. Il existe une variété plus commode, mais moins belle et moins productive : c'est la *Petite Capucine*. Ses boutons à fleur et ses graines servent aux mêmes usages que ceux de la *Grande Capucine*, que l'on préfère généralement.

SÉNEVÉ. La graine seule de cette plante annuelle est employée dans les cuisines, où on la met tremper dans le vinaigre avant de la broyer en moutarde. On la sème en mars, dans une terre bien fumée, et surtout bien ameublie; c'est en septembre qu'on arrache les pieds à mesure que la graine mûrit : les deux variétés, la *noire* et la *blanche*, ont la même utilité. Quelques personnes se servent des jeunes feuilles pour fournitures de salades : le Cresson alénois est préférable.

CORNE-DE-CERF. On sème cette plante à la fin de mars, en terre légère et fraîche, fréquemment arrosée. Dès qu'elle est un peu forte, on cueille ses feuilles pour en faire des fournitures de salades. C'est une plante annuelle.

PIMENT. Les fruits de cette plante annuelle et délicate sont fort recherchés. On ne peut guère le cultiver que dans les pays chauds, à moins qu'on n'ait à sa disposition des châssis et des couches. Dans les contrées du centre et du nord de la France, les Pimens semés, même au pied de murs au midi, parviennent rarement à maturité, à moins que les chaleurs ne se prolongent fort avant dans l'automne. Si l'on sème sous châssis en mars, on replante au pied des murs, ou au moins à des expositions très-chaudes, vers la fin d'avril. Les fruits formés, mais verts encore, se confisent au vinaigre et sont recherchés pour être mangés avec les viandes. C'est un fort tonique, qui excite l'appétit et facilite la digestion. Mis dans le vinaigre, le Piment le fortifie et lui communique, mêlé avec l'Estragon, une saveur agréable. Les variétés utiles sont le *Piment annuel*, ou *Poivron*, ou *Poivre long*; le *Piment rond*; le *gros doux d'Espagne*; et le *Piment-Tomate*.

Tomate. Il en est, pour le semis, la culture et l'exposition, de la Tomate comme du Piment; mais c'est seulement du fruit mûr de la première que l'on se sert dans nos cuisines, pour ajouter un acide sucré très-flatteur à plusieurs sortes de sauces. Comme il faut nécessairement, pour n'avoir pas perdu son temps et son terrain, que la Tomate arrive à maturité, on lui donne quelques soins particuliers : on pince les jeunes pousses, aussitôt que la plante présente quelques fruits bien noués et déjà gros; on l'effeuille peu à peu pour que les fruits reçoivent la chaleur du soleil et mûrissent plus complétement.

§ X. *Plantes aromatiques.*

Basilic. Cette plante très-aromatique, et dont on emploie les feuilles et les jeunes pousses dans la cuisine, ne vient guère en pleine terre dans nos climats. Il faut, avant de la mettre en place, la faire lever sous châssis ou au moins sur couche, et la repiquer en terrain léger, bien amendé, frais, que l'on arrose souvent lorsqu'il fait chaud. On cultive les variétés suivantes : le *grand Basilic*; le *petit Basilic*; le *Basilic moyen*; le *Basilic à grappes vertes* ou *violettes*; le *Basilic à feuilles découpées*, etc.

Absinthe. Plante vivace, et dont la feuille très-amère n'en est pas moins utile pour quelques usages domestiques, et même pour aromatiser des vins et des liqueurs. On la sème au printemps, ou bien on la plante d'éclats enracinés. L'Absinthe est peu difficile sur le choix du terrain, mais elle réussit mieux à une exposition chaude. La *grande Absinthe* et la *petite Absinthe* sont les deux variétés que nous préférons.

Thym. On le cultive comme l'Absinthe ;

il est vivace. Il peut servir à faire des remparts de bordures comme le buis, mais il est moins propre et moins agréable. Plusieurs de ses variétés sont recherchées, telles que le *Thym à larges feuilles*; le *Thym panaché*; le *Thym serpolet*, ou *à odeur de Citron*; et le *Thym commun*, dont on se sert, comme du Laurier noble, dans beaucoup de sauces.

LAVANDE. Plante également vivace, dont on emploie la feuille dans les mets, et la fleur, soit pour parfumer le linge dans les armoires, soit pour aromatiser les eaux-de-vie de toilette, soit pour préparer une eau particulière. On la cultive comme l'Absinthe, et, comme elle, on la multiplie d'éclats enracinés.

ROMARIN. Plante ou même arbrisseau vivace, dont on emploie les feuilles et les fleurs en cuisine, à cause de leur parfum très-agréable. Il veut une bonne exposition chaude, un sol gras et frais. Il se multiplie comme la Lavande; et, de même que la Lavande, il faut le remplacer tous les trois ou quatre ans, afin que la plante conserve un port gracieux, et que les tiges ne se dégarnissent pas désagréablement. C'est un soin qu'il faut prendre de la plupart des plantes vivaces, et même de quelques arbrisseaux.

Sauge. Rue. Hyssope. On en peut dire autant de ces trois plantes que des précédentes, soit pour la manière de les multiplier, soit pour leur culture.

Indépendamment des plantes et des arbrisseaux dont nous venons de parler, il est à propos de posséder dans le jardin, puisqu'ils servent dans les cuisines, le Laurier Noble ou Laurier Sauce, qui veut une exposition chaude, et le Laurier Cerise, dont les feuilles communiquent au lait dans lequel elles cuisent, une saveur très-agréable d'amande. On ne doit les employer que dans le lait : partout ailleurs elles sont un poison. Le Laurier Cerise n'est pas délicat. Il ne craint nullement le froid.

§ XI. *Petits Fruits.*

Groseillier a grappes. La culture et la multiplication de cet arbrisseau, ainsi que du Groseillier épineux, et du Cassis ou Groseillier noir, sont les mêmes. On les plante soit en haies, soit isolément dans les plates-bandes, dans une terre amendée, légère et assez profonde ; on peut les multiplier de boutures, ou, ce qui vaut mieux, de drageons ou rejets bien enracinés, qu'on place en octobre ou novembre et de préférence aux mois de février et de mars. Ces arbrisseaux n'ont pas besoin d'être taillés; il suffit d'enlever les mousses et les branches mortes, et d'éclaircir ou rabattre les rameaux trop enchevêtrés, ou trop inégalement prolongés. On renouvelle ces plantes tous les cinq ou six ans, afin que les racines, devenues trop grosses, ne gênent pas les plantes du voisinage et que les tiges plus jeunes soient plus agréables et produisent de plus beaux fruits. Le Groseillier à grappes est le plus recherché, parce que ses fruits servent à faire d'excellentes gelées où confitures, des sorbets, etc., pour lesquels on préfère la variété *à fruit rouge*; celle qui est *à fruit blanc*, est moins acide, et est plus tard attaquée par les oiseaux, qui, à la couleur des grappes, ne les croient pas encore mûres. En empaillant le Groseillier chargé de ses fruits approchant de la maturité, on peut les conserver et en manger jusqu'à l'époque des gelées.

Groseillier épineux. On l'appelle aussi Groseillier à maquereau, parce que ses fruits verts encore, sont excellens cuits, au lieu de graines de verjus, avec le maquereau. Ce Groseillier est moins commode que le précédent, à cause de ses aiguillons multipliés, qui déchirent les mains et les vêtemens. Son fruit est très-sucré et très-bon. On en fait aussi des gelées; mais elles n'ont pas l'agréable acidité des Groseilles à grappes. Le Groseillier épineux présente plusieurs variétés : le *Groseillier à petit fruit jaune*, propre pour les clôtures ; le *Groseillier à fruit moyen*, soit *rouge*, soit *jaune* ; le *Groseillier à gros fruit*, soit *rond*, soit *oblong*, soit *rouge*, soit *violet*, soit *vert*, soit *jaune*, *etc.* ; soit *lisse*, soit *hérissé* ou *velu*.

GROSEILLIER NOIR. C'est le Cassis, sorte de grand Groseillier à grappes, dont le fruit est noir, et dont les feuilles et le bois sont très-odorans. Son fruit, dont la saveur plaît à peu de personnes, est tonique et bon pour l'estomac, soit qu'on le mange cru, soit qu'on l'emploie en ratafiat. C'est surtout pour ce dernier usage, qu'on le cultive.

FRAMBOISIER. Ce petit arbuste, dont les racines sont traçantes et qui se propage de drageons ou de racines, doit occuper dans les jardins une place à part, où il restera à demeure. Il finit par gagner du terrain peu à peu ; ses racines s'étendent beaucoup et poussent des tiges multipliées. Son fruit délicieux et très-parfumé entre dans les liqueurs et les confitures, auxquelles il communique une odeur et une saveur exquises. On en connaît plusieurs variétés : le *Framboisier à fruit rouge* ; le *Framboisier à fruit blanc* ; le *Fram-*

boisier des Alpes, qui produit une partie de l'été et pendant l'automne, avantage qui lui a valu le nom de Framboisier de tous les mois; le *Framboisier rouge à gros fruits*; et le *Framboisier couleur de chair*, également à *gros fruits* excellens. Cet arbuste préfère un sol frais et profond, gras et un peu ombragé. Il suffit en février de sarcler et biner la terre, d'enlever le bois sec, et de jeter sur la planche ou carré un peu de bonne terre ou de fumier de bêtes à cornes bien consommé.

FRAISIER. On établit le Fraisier, soit en planches et toujours en rayons, soit en bordures, dans un terrain sec, un peu amendé, et médiocrement exposé au soleil, surtout pendant les grandes chaleurs. Il est facile de multiplier le Fraisier, soit d'éclats enracinés, soit de pieds produits par les filets, soit de graines que l'on sème sur terreau ou terre de bruyère, à l'ombre, dans un lieu frais et tenu tel par des arrosemens. Ce semis se fait à la fin d'août ou en septembre. Les plantations de Fraisiers doivent avoir lieu en octobre. Toute la culture des Fraisiers consiste à serfouir en octobre, en février ou mars, et en juillet, les pieds, que l'on rechausse avec de la bonne terre, qu'on sarcle et arrose quand il est convenable, et qu'on débarrasse des filets et des œilletons inutiles. Il est à propos,

1° pour les Fraisiers sans filet, de déplanter la touffe tous les trois ans, de la séparer afin que les tiges qui la composent, ne s'échauffent pas et ne s'étouffent pas; 2° pour les Fraisiers à filet, de remplacer par de jeunes pieds tous ceux qui ont plus de trois à quatre ans, parce que les racines venant à grossir outre mesure, ne donnent plus que des productions médiocres, et s'alignent mal. Pour ces opérations, comme pour les déplacemens d'artichauts et d'autres plantes, il ne faut renouveler chaque année qu'un tiers ou un quart, afin de conserver des pieds qui, ayant plus d'un an, produisent dans toute leur force. Il est à propos de ne donner au Fraisier, pour que ses fruits soient exquis, ni fumier, ni terreau gras, mais de bonne terre amendée et légère.

Les variétés du Fraisier sont très-nombreuses. Celles que l'on doit préférer sont les suivantes : *Fraisier buisson* ou *sans filets*, propres aux bordures; *Fraisier commun à fruit*, soit *rouge*, soit *blanc*, originaire de nos bois, où il faut le prendre pour renouveler les planches; *Fraisier des Alpes*, à filets, produisant jusqu'aux gelées; *Fraisier des Alpes*, sans filets, ou *Fraisier de Gaillon*, variété précieuse, propre aussi à faire des bordures : *Fraisier de Montreuil*, très-productif; *Fraisier de Bargemont*, donnant une seconde récolte en automne, surtout si la saison a été un peu humide, puis chaude; *Fraisier vert d'Angleterre*, ainsi nommé, parce que le fruit, rouge-brun du côté du soleil, est verdâtre dans ses autres parties; *Fraisier Caperon* ou *Capiton*, à gros fruit, mais peu parfumé; *Fraisier Ananas*, à très gros fruit, délicat au goût; *Fraisier de Virginie ou Ecarlate*, d'une jolie couleur et d'une saveur fine, précoce et propre pour les primeurs; *Fraisier de Caroline*, médiocre, quoique assez gros et coloré; *Fraisier de Bath*, à gros fruit, peu savoureux; *Fraisier du Chili* ou *Frutiller*, à très-gros fruits, mais peu sucré.

CHAPITRE IV.

PÉPINIÈRES.

LE terrain le plus propre à recevoir une pépinière, est celui qui est élevé, sain, un peu profond, à l'abri des vents du nord et de l'ouest, en situation un peu fraîche et même à proximité de l'eau, dans le cas où l'excès des chaleurs rendrait nécessaires quelques arrosemens. Il faut bien nettoyer le sol à l'avance, dès la fin de l'été; l'ameublir, l'amender un peu en y mélangeant diverses espèces de terres; le retourner deux fois avant l'hiver, afin que le terrain se mûrisse convenablement, et que les herbes parasites y périssent promptement. Les décombres de vieilles masures, argiles, chaux et plâtres, les curures de mares et de fossés bien mûries, les feuilles et les herbages consommés en terreau, sont les meilleurs amendemens que l'on puisse employer. S'il est nécessaire de le faire, il faut creuser des rigoles, afin de préserver la pépinière de l'humidité trop considérable qui ne ferait pousser rapidement les jeunes arbres, qu'aux dépens de la qualité de leurs racines et de leurs tiges. On ne doit défoncer le terrain, que lorsque les arbres qu'il produira sont destinés à être plantés dans des terres profondes; dans le cas contraire, il ne faut pas labourer à plus de 15 centimètres (6 pouces) de profondeur, afin que les jeunes plantes développent des racines plutôt traçantes que pivotantes.

Pour éviter que les corneilles, les mulots et divers autres animaux ne détruisent pendant l'hiver les noix, les châtaignes et même quelques noyaux, il est prudent de les stratifier durant cette saison, dans du sable frais, à la cave, où ils se disposent à germer. Au mois de mars on les met en terre, et ils ne tardent pas à lever. C'est un moyen assuré de voir prospérer toutes les semences, dont une partie eût pourri en terre, et dont l'autre eût été dévorée.

Quelques personnes, pour hâter la germination des graines très-dures, comme celles de l'aubépine, etc., les font avaler à des volailles dont on recueille et sème les excrémens. Quant aux pepins et aux menues graines d'arbres, il est impossible de les semer avant le mois de mars.

On forme dans la Pépinière des sentiers nécessaires pour la parcourir commodément sans marcher sur les semis. Au surplus les rayons qui se trouvent éloignés de 40 à 50 centimètres (15 à 20 pouces), ménagent un intervalle suffisant que l'on peut parcourir sans inconvénient.

La Pépinière doit être close avec soin pour la défendre des incursions des animaux, même des lièvres et des lapins, qui coupent et écorcent les jeunes arbres ; toutefois il est à propos d'y attirer les chats pour détruire les mulots, qui, dans l'hiver, rongent les racines tendres des petits arbres.

Les menues graines se sèment à la volée ou en rayons éloignés de 15 centimètres (6 pouces), dans lesquels on promène la binette, afin de sarcler et d'ameublir le terrain, qui doit être peu exposé à l'ardeur du soleil, pour ces premiers semis, qu'à deux ans on transplante dans la Pépinière proprement dite, à la distance de 15 à 30 centimètres (6 pouces à 1 pied), suivant la force que doit avoir le jeune arbre. Quand les graines sont très-fines et délicates, il est à propos de les semer en terreau ou même en terre de bruyère. Pour le Pommier et le Poirier, on sème ensemble le marc émié, qui renferme en abondance des pepins non écrasés; on recouvre d'une légère couche de terreau ou de terre très-fine.

Les grosses graines qui ont été stratifiées, qui souvent même ont déjà commencé à germer, sont transportées avec précaution, à l'abri du soleil et du hâle, dans la Pépinière où on les établit comme les semis dont on vient de parler, et dans de petites rigoles ou rayons profonds de 5 à 8 centimètres (2 à 3 pouces). Quelques Praticiens, pour éviter les effets des grandes chaleurs, et pour abriter leurs jeunes plants, jettent dans la Pépinière un demi-ensemencement d'avoine que l'on coupe ou arrache avec précaution à l'époque de sa maturité.

Les fruits et les graines réservés pour les semis doivent être choisis, non-seulement parmi les plus beaux, les mieux-nourris, les plus mûrs, mais conservés sèchement jusqu'au moment où on les sème ou bien jusqu'à ce qu'on les stratifie.

Les plants sauvageons ou issus de fruits de sauvageons, sont robustes et conviennent le mieux; il paraît même qu'ils conservent plus purement aux greffes qu'on leur confie, leur qualité et leur véritable espèce. Le Doucin fournit les meilleurs sujets de Pommier pour l'espalier et les demi-tiges. Les Pommiers de Paradis ne sont bons que pour admettre la greffe d'arbres nains, auxquels ils fournissent des sujets précieux, qui s'élèvent fort peu : ce qui est un grand mérite pour cette variété. Le Paradis de Hollande est tout-à-fait propre à être cultivé dans les Pépinières pour fournir des Pommiers nains, puisqu'il dure plus long-temps et vaut mieux en général que les autres Pommiers de Paradis. En Angleterre on cultive des sujets qu'on appelle Codlin, et sur lesquels on greffe avec succès le Pommier nain : mais les fruits qui en proviennent ont l'inconvénient d'avoir la chair molle et de peu de garde : aussi ne l'emploie-t-on que pour les pommes d'été, qui ne se conservent que très-peu de temps. Les sauvageons ont l'avantage d'être robustes, d'être d'un bois dur et serré, d'être par conséquent peu sujets au chancre, et de produire des fruits d'une chair ferme et d'une longue conservation. On recherche aussi, pour obtenir des Pommiers nains, le Chenet, ou Rampeur Hollandais, ou Codlin de Hollande; il est principalement propre à recevoir la greffe des Pommiers qu'on destine aux espaliers, aux buissons, aux coupes, aux arbres pyramidaux, ou quenouilles des jardins.

Le Cognassier, le Saule, le Peuplier, etc. viennent mieux et plus vite de boutures. On les plante couchées en rayons au mois de février; l'année suivante on rebotte ou recoupe les boutures rez-terre, et l'on ne conserve que le jet le plus vigoureux, destiné à former une belle tige.

Quelques arbres produisent rarement des graines, d'autres ne reprennent pas de boutures ou ne se multiplient pas de greffes : j'ai observé qu'on pouvait les propager par un autre procédé, mais qui ne peut s'appliquer qu'aux arbres francs de pied, les seuls, au surplus, pour la multiplication desquels le procédé soit utile. Il s'agit de déchausser en mars une ou plusieurs racines latérales, de les attirer et de les maintenir à la surface du sol, de façon que leur extrémité y soit enfoncée et nourrie, mais qu'une ou plusieurs parties soient exposées au contact du soleil, qui y fait bientôt sortir un œil, puis un rameau que l'on élève avec soin, et qui, bien enraciné, doit être, au bout d'un an au moins, détaché proprement pour être planté où l'on veut, comme les drageons et les marcottes.

Dès que les fruits, les noyaux ou les pépins sont sortis de terre, il faut les sarcler avec adresse, afin de ne pas briser les germes, et pour que les herbes parasites ne les étouffent pas. On doit surtout arracher et faire périr celles de ces plantes qui sont vivaces et dont la racine est forte, vorace et traçante, comme les bardanes, les chiendents, les patiences, les consoudes, les mauves, etc., qui, enchevêtrant leurs racines avec celles du jeune plant, interceptent l'air et la chaleur, et l'affament de toutes manières.

Un serfouissage, peu profond pour ne pas offenser les racines, et assez fréquent pour maintenir le sol meuble et sans herbes, ne peut que favoriser beaucoup l'accroissement des Pépinières. Plus le plant grandit, moins le serfouissage a besoin d'être répété.

Quand on doit transplanter les sujets de la Pépinière dans un bon terrain, on peut placer cette Pépinière en terre de bonne qualité, et même tout le mois de février y étendre du terreau de curures, des marnes mûries par l'hiver. Si au contraire le terrain où le plant doit être établi à demeure est médiocre ou mauvais, il faut bien se garder d'amender la Pépinière par des terreaux. En général, il convient bien que les arbres à transplanter proviennent d'un sol inférieur en qualité. Les arbres quels qu'ils soient qui entrent dans une terre moins bonne que celle qu'ils abandonnent, reprennent difficilement, croissent chétivement, et ne font jamais que des plants rachitiques, couverts de mousse et crevassés de gales épaisses.

Pour les plants que l'on ne sème pas à demeure, tels que le Poirier, le Pommier, l'Acacia, l'Orme, etc., on les lève au bout de deux ans, et on les plante au cordeau à 30 centimètres (1 pied) de distance entre les individus et 60 centimètres (2 pieds) entre les rayons. Si ces jeunes arbres sont destinés à des terrains peu profonds, il faut leur raccourcir le pivot, afin de fortifier les racines latérales, qui devront nourrir l'arbre avec plus d'abondance. A la vérité les arbres sans pivot sont quelquefois exposés à être déracinés par les vents; mais cet inconvénient, assez rare, et qui n'est d'ailleurs à craindre que pour les grands arbres exposés à l'ouest, n'est pas à beaucoup près aussi grave que celui de laisser les racines pivotantes qui, cherchant à s'enfoncer profondément dans la terre, y trouvent bientôt le caillou et la glaise, s'y rabougrissent et donnent peu de subsistance à l'arbre qui devient chétif et misérable. Les racines latérales, à l'abri de ces inconvéniens, sont d'ailleurs mieux échauffées par le

soleil, et reçoivent plus pleinement les bien-
faits des principaux météores ; elles profitent
mieux aussi des végétaux pourris en fumier,
des terreaux et des déjections animales. Si au
contraire le sol, où sera planté définitivement
le jeune sujet, a de la profondeur, on doit
conserver le pivot qui maintient l'arbre dans
une position plus verticale et plus solide, le
met à portée de résister plus fortement aux
coups de vent, et lui procure plus de fraîcheur dans les temps arides et les sécheresses
prolongées.

Quinze jours après la transplantation dans
la Pépinière, on couvre le pied des jeunes
sujets avec des débris de chaume, de paille,
de bruyère, ou de fougère cueillie sèche,
avec des feuilles sèches aussi, recueillies en
automne et conservées pendant l'hiver pour
cet usage. On peut aussi user du même
moyen à la seconde année des gros semis faits
dans la Pépinière, tels que Noyers, Pêchers,
Amandiers, Chênes, etc.

Cette opération évite la peine de serfouir
et de sarcler fréquemment les jeunes arbres,
dont on est toujours plus ou moins exposé à
écorcer les racines et le tronc : ainsi une fraîcheur salutaire est entretenue, la terre reste
ameublie, et les herbes parasites ne sauraient
pousser. Les feuilles sèches et les autres végétaux secs employés à cet usage forment, en

pourrissant l'hiver suivant, une terre végétale,
qui convient beaucoup au jeune plant qui ne
tarde pas à en profiter lorsqu'on serfouit pé-
riodiquement.

A la seconde année, ou lorsque les mauvaises herbes se font jour, ou si la terre,
naturellement disposée à se durcir, n'a pas
gardé assez de porosité, le Pépiniériste s'arme
d'une petite houe, et remue la superficie du
terrain de ses rayons avec assez de ménagement pour ne pas attaquer les racines, n'enlever que les herbes et ne faire qu'ameublir
le sol. Il est à propos de choisir pour cette
opération, en mars ou en avril, en septembre
ou en octobre, un beau jour de temps sec,
afin de ne pas pétrir sous les pieds la terre de
la Pépinière, afin que les herbes arrachées se
dessèchent promptement et ne puissent plus
s'enraciner de nouveau. Ce n'est même pas
un soin inutile de les tirer avec un petit rateau hors de la Pépinière.

Au bout de deux ou trois ans de semis ou
de transplantation, quand les sujets ont 15
millimètres (6 à 8 lignes) de circonférence,
il faut au mois de mars les couper à la serpette, en bec de flûte, à 25 millimètres (1
pouce) au-dessus du sol. La racine en acquiert
plus de force, et les nouveaux jets plus large-
ment nourris que leurs prédécesseurs, obtiennent une tige plus élancée, plus nette, mieux

conformée, plus saine et beaucoup plus vigoureuse. C'est ce qu'on appelle rebotter la Pépinière. En juillet, on examine les nouveaux jets, et l'on conserve le plus beau sur chaque pied : c'est celui qui formera l'arbre. Les autres jets doivent être enlevés proprement à la serpette, et quinze jours après, le pied sera butté un peu au-dessus des coupures qu'on lui a fait éprouver. Toutefois lorsque la Pépinière renferme de jeunes sujets bien vigoureux et bien droits, il est inutile de les couper : ils feront d'eux-mêmes de beaux arbres, et deviendront tels plus promptement. Le rebottage est surtout utile aux Pommiers, aux Poiriers, aux Ormeaux, aux Acacias, aux Châtaigniers, etc.

Dès que les nouveaux jets sont parvenus à une hauteur d'un mètre (environ 3 pieds), toujours bien serfouis et nettoyés au printemps et en automne, on commence à tailler à la serpette les branches latérales gourmandes, qui croissent le long de la tige, c'est-à-dire celles qui sont très-fortes, qui forment des bifurcations et des écartemens, et qui empêcheraient cette tige de s'élancer avec élégance. On laisse subsister, ou tout au plus on rabat, ou bien on tord les petites branches qui arrêtent un peu de sève vers les parties inférieures de la tige, et l'empêchent de devenir grêle et mesquine. Ce n'est qu'à la cinquième ou sixième année, c'est-à-dire lorsqu'il a acquis 8 à 10 centimètres (3 à 4 pouces) de circonférence que l'on nettoie entièrement le tronc de toutes ses petites branches. Il faut procéder à cette opération avec soin : le succès de l'arbre et sa durée en dépendent, puisque le bois sera franc et son écorce nette, à proportion de la propreté de l'élagage. Les meilleurs arbres sont toujours ceux qui ont plus de grosseur au pied qu'au haut du tronc, et qui vont, insensiblement, en diminuant de leur base à leur cime.

Pour les arbres fruitiers, il faut considérer s'ils seront greffés en fente ou en écusson. Dans le premier cas, on ne greffe que lorsque l'arbre a 10 centimètres (4 pouces) de tour à sa tête ; dans le second cas, on peut l'écussonner de deux à quatre ans.

Quand les plants destinés à la greffe en fente sont devenus presque assez forts pour supporter cette opération, on les arrête avec la serpe. Pour cet effet, on fait sauter leur tête à deux mètres (6 pieds) au-dessus du sol. Alors l'arbre reporte en bas une partie de sa sève, grossit et devient propre à être greffé au printemps prochain.

Les plants les plus forts étant greffés et enlevés l'année suivante, les autres sujets plus lents à croître, se trouvent éclaircis, reçoivent plus d'air et s'élèvent avec plus de liberté. A mesure qu'ils ont acquis de la force, on leur fait les mêmes opérations qu'aux précédens.

Les jeunes Chênes et les arbres verts supportent difficilement la transplantation pour peu que leurs racines aient éprouvé quelques ruptures, et qu'on ait été obligé d'y porter la serpette. C'est pour éviter ces inconvéniens qu'il faut les transplanter très-jeunes et de suite, après les avoir arrachés avec beaucoup de précaution.

Lorsqu'on est bien maître de son terrain, il faut semer ou stratifier dans le sable les fruits et les graines à peu près à l'époque de leur maturité. Ceux surtout qui sont indigènes, se trouvant à proximité, doivent être mis en terre ou en sable, lorsque bien mûrs ils se détachent spontanément de l'arbre qui les produit, et qu'ils ont passé en monceau quelques jours à compléter et à perfectionner leur maturité, et même, pour les fruits à pulpe, à entrer en pourriture. Ainsi, on sèmera au printemps les graines de l'Orme, des Pins, des Sapins, etc.; en été, les noyaux des Cerisiers, des Pruniers, etc.; en automne, les fruits du Hêtre, du Chêne, du Châtaiguier; et à la fin de l'hiver, les pepins des Poiriers et des Pommiers, dont les fruits n'ont mûri que pendant la mauvaise saison.

Nous avons parlé de la stratification de

quelques semences. Voici comment on procède à cette opération, indispensable seulement lorsque l'on craint la rigueur de l'hiver, une trop grande humidité du sol, ou l'attaque des animaux de rapine. On étend les semences, couche par couche, dans du sable peu mouillé que l'on établit dans une cave, où la gelée ne pénètre pas. Au printemps, on déplace, avec beaucoup de soin, ces semences près de germer, ou même toutes germées, et on les place en Pépinière dans des rayons que l'on recouvre d'une terre légère et amendée; de manière, si le germe est développé, que les cotylédons ou oreilles se présentent en haut, et la radicule en bas, et que la terre soit assez friable pour envelopper, sans les meurtrir, ces premiers rudimens de la végétation d'un arbre naissant.

Dans les terres fortes, les grosses semences doivent être placées à un pouce au-dessous de la superficie du sol; dans les terres moyennes, à 5 centimètres (2 pouces); et dans les terres légères à 8 centimètres (3 pouces).

Il est toujours profitable d'avoir chez soi une Pépinière. Indépendamment du bénéfice qu'elle peut donner par les arbres que l'on vend, elle procure, au propriétaire, des plants qui trouvent un sol analogue à celui qu'ils viennent de quitter, et qui par conséquent ne peuvent manquer de prospérer, d'autant mieux qu'on peut les transplanter sans retard, à mesure qu'on les arrache. De tels arbres sont bien préférables à la plupart de ceux qu'on achète chèrement, qui sont exposés à être écorcés dans les transports, et qui souvent tirés de terre depuis long-temps, desséchés, quelquefois gelés, ont aussi d'assez mauvaises racines. D'ailleurs, le propriétaire d'une Pépinière est certain d'avoir précisément les espèces et les variétés qu'il désire et qu'il connaît bien. Ainsi on plante à peu de frais, on plante bien, on entretient en bon état ses bois, ses haies, ses vergers et ses jardins.

Les semis en rayon, que l'on recouvre de terre légère, sont préférables à l'ensemencement à la volée qui distribue mal les graines, et à la plantation au plantoir qui durcit la terre autour de la graine.

Les boutures, les marcottes et les drageons font partie de la Pépinière et servent à l'entretien pour diverses espèces. Les arbres provenus de semis valent toujours mieux, lorsqu'on a le choix.

Les boutures courbées, presque couchées, et placées à l'ombre dans un lieu frais et même un peu humide, réussissent généralement bien. Souvent il est à propos de les recéper ou rebotter vers la deuxième ou troisième année, si elles ne se dressent pas convenablement et n'offrent pas une tige franche et vigoureuse. Pour le mieux, on doit les placer en rigole et non les établir au plantoir. Cette opération se fait en février ou en mars : février, pour les terrains secs ; mars, pour les terres humides et froides.

Les Marcottes ont l'inconvénient de n'avoir que des racines latérales. Comme elles manquent de pivot, elles ne sont bonnes que pour les terrains qui n'ont pas de fond. Toutefois, elles contribuent à multiplier quelques espèces rares ; et, dans un besoin pressant, elles offrent promptement des sujets sur lesquels on peut greffer et écussonner. Ces Marcottes se font en pliant et assujétissant avec un crochet de bois, un rejet ou une jeune branche, dont on recouvre de bonne terre une partie de la base, afin que cette partie pousse des racines. Dès que les racines sont bien formées, au printemps, on détache à la serpette la Marcotte du pied principal, et on la transplante.

Les Drageons ont quelque rapport avec les Marcotes : ce sont des rejetons que les racines d'un arbre poussent dans son voisinage. On les enlève comme les Marcottes pour les replanter e même.

Les Amandes amères à coque tendre produisent des sujets sur lesquels on écussonne avec succès le Pêcher, le Prunier, l'Abricotier et l'Amandier à fruit doux.

Le Prunier, provenu de noyaux ou de drageons de l'espèce de Damas et de Sainte-Catherine, admet avec avantage la greffe et l'écusson des quatre arbres fruitiers que nous venons de désigner.

Les Cerisiers prospèrent sur le Merisier, le Cerisier venu de noyaux, et sur le Mahaleb, ou arbre de Sainte-Lucie.

Le Coignassier est propre à recevoir le Coignassier de Portugal, le Poirier, et même le Pommier.

L'Aubépine admet la greffe du Néflier et du Poirier.

Les arbres tirés de la Pépinière doivent être, lors de la transplantation, déracinés avec soin, afin de ne briser et de n'éclater que le moins de racines qu'il est possible. Si l'on pouvait même planter un arbre avec toutes ses racines, sa reprise serait certaine et son accroissement plus rapide. Il faut replanter l'arbre le plus tôt que l'on peut ; et, dans tous les cas, mettre les racines à l'abri de l'air, de la pluie, du soleil et de la gelée. Il est à propos de couper proprement les racines gâtées et d'épargner les filets ou très-petites racines ; de faire plusieurs mois à l'avance creuser et défoncer les fossés où l'on doit planter, afin que la terre se mûrisse ; mettre sous les racines et autour d'elles de bonne terre légère, amendée, provenant de curures et de terreaux, mais sans fumier ; d'agiter légèrement l'arbre afin que la terre se distribue bien autour des racines ; de ne recouvrir le collet de l'arbre qu'un ou deux pouces au-dessus, de manière qu'après le tassement nécessaire des terres, il ne soit pas plus enfoncé qu'il ne l'était avant d'être arraché ; de fouler doucement la terre au-dessus des racines, afin que l'arbre soit affermi et que la tige reste droite. Il est même utile de la contenir au moyen d'un tuteur ou piquet, entre lequel et l'arbre on met de la mousse sèche, afin que le lien et le frottement n'endommagent pas les écorces.

CHAPITRE V.

GREFFES.

La Greffe, proprement dite, se fait par l'insertion d'un petit rameau de l'espèce qu'on désire propager, dans l'arbre destiné à le recevoir, et qu'on appelle Sujet ou Franc. Toutes les méthodes de greffer consistent à souder sur un arbre une branche ou un bouton. Ces méthodes, que l'on vient récemment d'étendre par d'ingénieuses découvertes, se

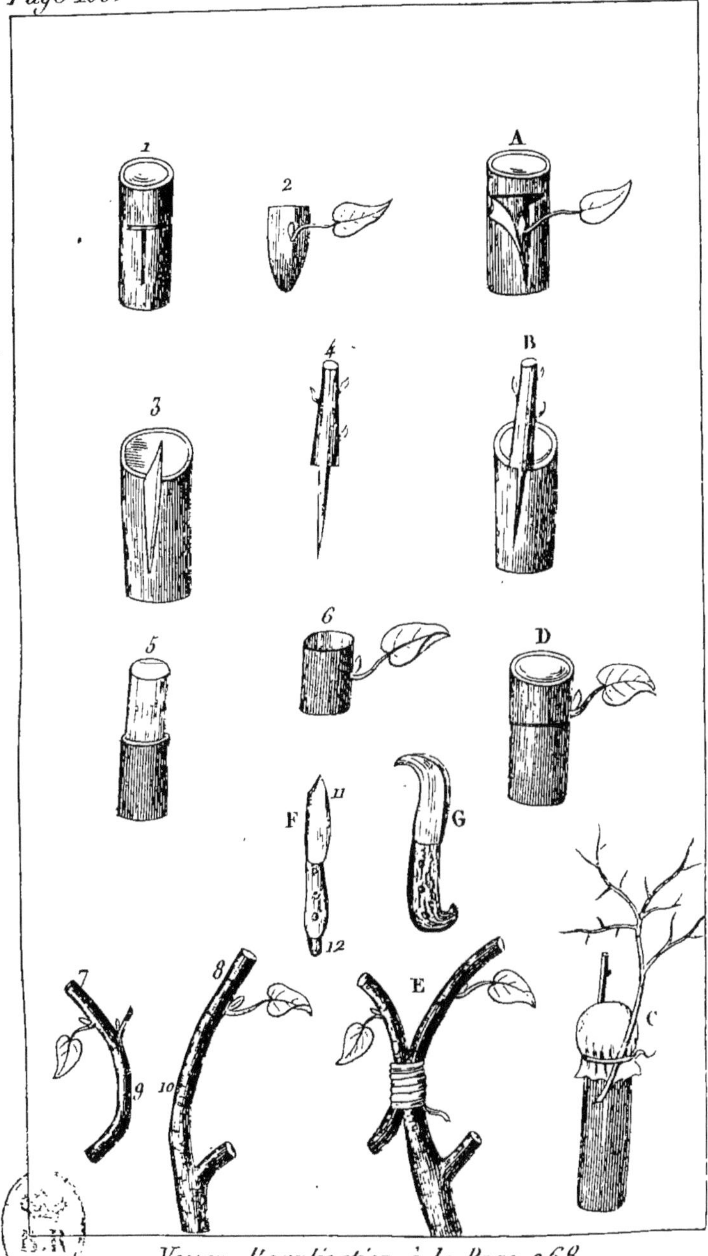

Voyez l'explication à la Page 268.

divisent en deux principales opérations : la *Greffe à la pousse* et la *Greffe à œil dormant.* La première se pratique lorsque la sève commence à monter, et elle pousse aussitôt ; la seconde, quand la sève est déjà ralentie, vers la fin de l'été : cette dernière ne se développe qu'au printemps suivant. On appelle celle-ci *Greffe à œil dormant*, parce qu'en effet, le bouton inoculé *dort* jusqu'au retour du printemps, tandis que celui que l'on insère lors de la *pousse* de l'arbre se développe aussitôt.

On divise en quatre principales les diverses espèces ou méthodes de Greffes à la pousse : la *Greffe en fente*, la *Greffe à couronne*, la *Greffe à l'emporte-pièce*, et la *Greffe à bourgeons rapportés.* Quatre autres se pratiquent indifféremment, soit à la pousse, soit à œil dormant : ce sont la *Greffe en écusson*, la *Greffe en approche*, la *Greffe en flûte*, et la *Greffe sur racines.*

L'Ecusson et la Greffe en fente sont les deux plus importantes et les plus suivies.

La Greffe en fente doit être faite avant que la sève ait détaché l'écorce du bois, inconvénient qui rendrait l'opération plus difficile et plus hasardeuse. Pour être plus sûr du succès, on procède à cette espèce de Greffe vers la mi-mars, selon que le printemps est plus ou moins précoce. Les autres Greffes se font plus tard, en pleine sève, parce que pour les effectuer il faut détacher une écorce que l'on applique sur le sujet, et qu'à toute autre époque on risquerait d'offenser le *liber* (ou première écorce blanche adhérente au bois), de l'intégrité duquel dépend absolument le succès de l'entreprise.

Le résultat de ces Greffes est le même. Cependant on préfère la Greffe en fente pour la plupart des arbres que l'on destine au plein vent : elle est plus robuste ; elle recouvre bien par son bourrelet l'aire de la coupe sur laquelle la fente a été faite, et l'arbre risque moins de devenir creux. L'écusson, au contraire, est préférable pour les espaliers : il a d'ailleurs ce grand avantage sur la Greffe en fente, qu'il peut plusieurs fois être tenté sur le même sujet s'il n'y a pas réussi d'abord, tandis qu'on ne peut greffer en fente que deux ou trois fois, puisque chaque opération manquée rend le sujet plus court de 8 centimètres (3 pouces.)

Pour qu'une Greffe réussisse bien, il faut qu'entre elle et le sujet il y ait analogie, sinon de genre et d'espèce, du moins de famille, et quelque ressemblance dans le bois, soit sous le rapport de la dureté du grain, soit sous celui des couches corticales, et surtout du parenchyme, ainsi que du *liber* des écorces. Il n'est pas moins indispensable que la saison de la sève et de la feuillaison soit la même, puisque la Greffe ne reçoit de nourriture que du sujet.

Une jeune branche, qui n'est ni gourmande, ni chiffonne, est la seule propre pour la Greffe en fente. Elle peut être de la dernière année ; mais elle est meilleure quand elle réunit du bois de deux ans dans lequel on taille le coin ou partie à insérer. On peut recueillir ses Greffes dès le commencement de janvier, les conserver fraîchement dans du sable, de la terre, ou de la mousse un peu humide, mais à l'abri du sec, de la trop grande humidité, de la gelée et des heurts qui endommageraient les écorces. Toutefois, elle ne doit être taillée qu'au moment où on l'emploie. Quant aux autres Greffes, elles ne peuvent pas se conserver, à cause de leur fragilité, et parce qu'on les enlève en pleine sève.

Pour toute espèce de Greffe, il est indispensable de faire choix d'un beau temps, sans pluie, sans gelée, et même sans sécheresse trop tinue, autant qu'il est possible.

La Greffe en fente doit avoir 40 à 45 centimètres (15 à 18 pouces) de longueur avec quelques boutons à feuilles bien nourris. On l'étête, puis on taille dans le vieux bois, si la Greffe contient du bois de deux ans, une espèce de coin dont l'extérieur sera entièrement muni de son écorce dans une largeur de 4 à 6 millimètres (2 à 3 lignes). C'est cette partie qui doit être insérée, parce qu'elle a plus de parenchyme et un *liber* plus analogue à celui de l'arbre sur lequel on l'inocule. Les écorces doivent être ménagées soigneusement, parce que ce sont elles seules qui reprennent, se soudent, et font adhérence parfaite.

On coupe proprement avec la scie la cime du sujet à la hauteur qui convient; on pare avec la serpette cette aire, qui ne doit pas être noueuse, parce qu'elle se fendrait mal; puis, avec le marteau et le greffoir, ou un fort couteau, on ouvre une fente de 5 à 8 centimètres (2 à 3 pouces) de long; on introduit un petit coin au milieu de cette fente pour la tenir ouverte; on place une ou deux Greffes taillées à l'instant, en rapprochant exactement leur écorce, et surtout leur *liber*, de ceux du Sujet, de manière que le *liber*, puis le parenchyme, se touchent réciproquement. On retire alors doucement le coin, dont l'absence n'empêche plus les parties disjointes du Sujet de se rapprocher : la Greffe ou les Greffes se trouvent ainsi convenablement pressées et assujetties. Aussitôt, on garnit l'aire de la Greffe et du Sujet, ainsi que les lèvres de la fente, avec de la filasse et de la terre franche mêlée et battue avec de la bouse de vache (c'est l'onguent ou baume de Saint-Fiacre.) On place en poupée, par dessus, une poignée de mousse ou de petit foin; on assujettit et lie le tout avec de la filasse ou de l'écorce de jeunes branches d'orme, et on insère dans le lien une petite branche plus élevée que les Greffes, et plus inclinée, pour servir de juchoir aux oiseaux, qui, sans cette précaution, se jetant sur le jet de la Greffe elle-même, la briseraient, ou au moins la déplaceraient. On ne met plusieurs Greffes que par précaution : ce sont des chances en faveur de la réussite. S'il en reprend plusieurs, on ne conserve que la plus belle. On enlève l'autre en coupant une pièce de l'ente en bec de flûte ; puis on regarnit de baume de Saint-Fiacre, et l'on rétablit la poupée, qu'il faut entretenir jusqu'à ce que l'aire du Sujet soit bien recouverte par les bourrelets que fait la sève, afin que la pluie ne s'insinue pas dans la fente qu'elle creuserait ; et pour que cette aire, trop desséchée par le soleil et le hâle, ne soit pas exposée au danger de n'être jamais recouverte par la sève. On doit élaguer en tout temps les pousses qui croissent au dessous ou autour de la Greffe. Elles fatigueraient l'arbre, elles l'épuiseraient ; elles rendraient le tronc difforme, et feraient périr la Greffe en l'appauvrissant.

L'Écusson est une pièce triangulaire enlevée sur l'écorce d'un arbre ; elle doit contenir bien sains le *liber*, le parenchyme, en un mot toute l'écorce ; elle doit avoir un œil bien nourri. Pour écussonner un Sujet, on ouvre dans son écorce avec le greffoir deux incisions qui forment le T; puis, avec la spatule du greffoir, on soulève légèrement l'écorce de dessus le bois du Sujet. On dépouille l'œil de l'Ecusson de ses feuilles, dont on casse ou coupe le pédoncule ou queue sans ébranler le bourgeon; on l'insère sous l'écorce du Sujet, de manière qu'à l'exception de l'œil, il soit à peu près entièrement recouvert par elle. Il faut couvrir le tout, mais toujours en laissant l'œil à nu, avec un peu de terre et de mousse fine, et on lie cette petite poupée avec un cordon mince de filasse, que l'on coupe sans l'enlever ni le déplacer un mois après, seulement pour ne pas gêner la circulation de la sève.

L'Ecusson à œil poussant se pratique en mai; alors on raccourcit le Sujet à 5 centimètres (2 pouces) au-dessus du bouton inoculé, et on enlève toutes ses branches. L'Ecusson à œil dormant s'opère depuis juillet jusqu'en octobre; et on n'étête le Sujet qu'au printemps suivant.

La Greffe en couronne se fait à la mi-mars à peu près, comme la Greffe en fente, en insérant les jets destinés à l'opération dans l'écorce, en forme de cercle ou de couronne. Cette méthode, pour laquelle on opère comme pour la Greffe ordinaire, ne s'emploie que sur de gros arbres. Elle est peu pratiquée, et réussit rarement bien.

Si l'objet de cet ouvrage, tout pratique, tout d'expérience, tout d'utilité, ne se rapportait pas entièrement plutôt aux avantages démontrés qu'aux recherches et aux essais de la curiosité, nous décririons ici un plus grand nombre de Greffes. Nous nous bornerons à citer : 1° la *Greffe par approche*, qui s'opère par le simple rapprochement de deux branches ou de deux jeunes arbres voisins, que l'on écorce jusqu'au parenchyme à l'endroit où ils se rencontrent ; 2° la *Greffe en bague* ou *en anneau* : elle consiste à déplacer un anneau d'écorce pourvu d'un œil, et à le replacer sur une tige ou ente dépouillée à l'instant même de son écorce, et qui offre les mêmes proportions de grosseur. Cette Greffe est surtout employée pour le Châtaignier auquel on désire faire porter des marrons.

Quelques agriculteurs et jardiniers greffent leurs arbres en les transplantant ; d'autres préfèrent les greffer lorsqu'ils ont pris racine, un ou deux ans après la transplantation de la pépinière en pleine terre. Ces deux méthodes sont vicieuses : la première a l'inconvénient de fatiguer beaucoup le Sujet, qui souffre avec peine plusieurs plaies à la fois dans ses racines et dans sa cime ; la seconde méthode, quoique meilleure que la première, n'est pas non plus sans préjudice : le Sujet est faible encore ; si la Greffe ne reprend pas, il est perdu, puisqu'il se trouve trop bas pour être greffé de nouveau ; et si la Greffe manquée le fait périr, on a fait en pure perte les frais de la transplantation, des tuteurs, des soins et de la Greffe.

C'est dans la pépinière qu'il faut greffer. L'arbre est tout repris, il est fort ; les oiseaux qui y trouvent beaucoup de rameaux ne se perchent guère sur les jeunes Greffes ; le voisinage des plants qui ombragent un peu la Greffe maintient une fraîcheur favorable à sa reprise. Si elle meurt, on regreffe l'année suivante, et l'on fait monter la Greffe à la hauteur où l'on désire que se forme sa tête, sans craindre que les animaux ne la brisent tant qu'elle est faible.

Si plusieurs Greffes périssent sur le même Sujet (ce qui est fort rare), il se trouve trop peu élevé pour le plein vent ; alors on l'ente pour l'espalier, la quenouille ou le buisson.

On hâte un peu la maturité des fruits tardifs en les greffant sur des sujets précoces ; et l'on retarde un peu celle des fruits précoces, en les greffant sur des entes tardives. Les Poires fondantes et molles se perfectionnent et deviennent plus fermes sur des Sujets sauvages qui donnent des fruits durs. Le Poirier, comme le Pommier, se greffe avantageuse-

ment sur les Sujets sauvageons de son espèce ;
il peut être greffé aussi sur le Coignassier, sur
l'Aubépine, sur le Néflier, sur les Sorbiers ;
et même le Poirier sur le Pommier, et le
Pommier sur le Poirier, etc.

Greffé sur franc ou ente de son espèce, le
Poirier ne se met à fruit que fort tard ; placé
sur le Coignassier, il rapporte plus tôt ; mais
les fruits en sont en général plus petits et plus
pierreux, surtout pour les Poires à chair
ferme et cassante. Le Coignassier est excellent
pour les variétés fondantes et beurrées. Pour
avoir des Poiriers nains, il faut greffer sur
Paradis.

Pour recevoir la greffe en écusson des Pêchers et des Abricotiers, et même des Pruniers, on doit préférer le Prunier de Damas
noir (dont on a semé les noyaux), le Prunier
de cerisette, le Prunier de Saint-Julien, de
Sainte-Catherine, etc.

CHAPITRE VI.

VERGER.

Le Verger doit, comme le jardin, être en bon terrain profond ou très-défoncé, bien exposé, abrité des mauvais vents, et bien enclos. On y distribue ses arbres de manière que les plus grands soient placés au nord, et par conséquent ne puissent ombrager ceux qui sont plus petits. Le pied des arbres doit être serfoui tous les ans de 50 à 80 centimètres (20 ou 30 pouces) de rayon, vers la fin d'octobre et au mois d'avril ; à cette dernière époque, tous les trois ou quatre ans, on jette du terreau consommé, des marnes, et surtout des curures mûries, sur les premières racines que l'on ne découvre qu'avec beaucoup de précautions pour les recharger de bonne terre.

Les arbres qui doivent entrer dans la composition d'un verger se divisent en quatre classes, que nous allons indiquer, en faisant connaître les meilleures variétés : 1° Fruits à Pepin ; 2° Fruits à Noyau ; 3° Fruits à Enveloppe ; et 4° Fruits Délicats.

§ Ier. *Fruits à Pepin.*

Poirier. C'est le plus grand, le plus robuste et le plus durable de nos arbres fruitiers. Ses variétés principales sont l'*Amiré Joannet*, ou *Petit-Saint-Jean;* le *Sept en gueule* ou *Petit muscat*; fruits qui n'ont de mérite l'un et l'autre que leur précocité : mûrs à la fin de juin ; le *Muscat Robert*, ou *Gros-St.-Jean musqué*, meilleur, chair tendre : mi-juillet ; la *Madeleine* ou *Citron des Carmes*, moyen, fondant : fin de juillet ; ainsi que la *Cuisse Madame*, allongé, demi-beurré ; le *Gros-Blanquet* ou *Roi-Louis*, cassant et sucré ; la *Blanquette à longue queue*, sucrée et demi-cassante : commencement d'août, ainsi que le précédent et les deux suivans ; *Petit Blanquet*, un peu musqué ; et *Epargne* ou *Grosse Cuisse Madame*, fondant et délicat ; l'*Ognonnet* ou *Archiduc d'été*, demi-cassant, sucré, parfumé : août, le *Salviati* ou l'*Orange d'été*, demi-beurré, parfumé, sucré ; l'*Orange musquée*; l'*Orange rouge* ou d'*automne :* août, ainsi que les deux précédentes ; l'*Orange d'hiver*, musqué, cassant, très-bon cuit : février et mars, ainsi que le *Rousselet d'hiver*, qui est aussi un fruit à cuire ; le *Rousselet de Reims* ou *Petit Rousselet*, très-parfumé et très-bon : fin d'août ; le *Martin sec* ou *Rous-*

selet d'hiver, très-productif, excellent cuit, bon cru, sucré, cassant : novembre ; la *Crassane* ou *Bergamotte Crassane*, sucré, fondant, excellent, surtout lorsqu'il a été greffé sur le Doyenné : mi-octobre ; le *Messire-Jean*, cassant, sucré : octobre ; le *Franc-réal*, excellent cuit ; novembre ; le *Beurré*, fruit parfait, qu'il faut cueillir un peu avant la maturité : fin de septembre ; *Beurré d'A-remberg*, fruit délicieux : novembre ; *Bezy de Chaumontel*, excellent : de novembre à janvier ; *Beurré d'Angleterre*, demi-beurré, fondant : septembre ; *Doyenné gris* ou *Doyenné d'automne*, le meilleur des Doyennés, très-sucré : octobre ; *Doyenné galeux*, très-bon : octobre ; *Bon-Chrétien d'hiver*, fruit très-bon cuit, et même cru quand il est suffisamment mûr en avril et mai ; *Bon-Chrétien de Vernois*, chair plus tendre et plus agréable que celle du précédent ; *Bon-Chrétien d'Espagne*, le meilleur pour cuire : octobre ; *Colmar*, sucré, très-bon : de janvier à mars ; *Virgouleuse*, beurré, excellent : de novembre à février ; *Saint-Germain*, exquis, eau délicieuse : novembre et décembre ; *Catillac*, bon à cuire ; *Poire de livre*, très-bon cuit : tout l'hiver ; et *Sarrazin*, demi-beurré, parfumé, sucré : tout l'hiver et le printemps.

POMMIER. Arbre vigoureux, moins grand

que le **Poirier**, craignant plus que lui les terres froides et humides, exigeant moins l'espalier, venant très-bien en plein vent. Parmi ses nombreuses variétés on préfère les suivantes : *Passe-pomme rouge*, fruit très-bon, mûr à la fin d'août ; *Calville blanche d'hiver* ; *Calville rouge d'hiver*, très-bonnes : octobre à janvier ; *Postophe d'hiver*, grosse et excellente ; *Fenouillet jaune* ou *Drap d'or* : octobre et novembre ; *Reinette franche*, sucré, acide, excellent : jusqu'à l'été ; *Reinette d'Angleterre*, excellent, sucré, très-relevé ; *Reinette dorée* ou *Reinette rousse*, très-bon : toutes deux de décembre à mars ; *Reinette de Hollande*, productif et très-bon : octobre et novembre ; *Reinette de Bretagne*, excellent, sucré, peu acide : octobre et décembre ; *Reinette de Canada*, très-gros, excellent cuit et cru : octobre à mars ; *Reinette d'Espagne*, gros : jusqu'en juin ; *Reinette grise* ou *Haute-Bonté*, excellent, sucré, fin : jusqu'en juillet ; *Pigeonnet rose*, *Pigeonnet blanc*, ne différant que par la couleur, délicats, fins : d'octobre à janvier ; *Rambour d'été*, gros, acide, précoce, très-bon cuit : août et septembre ; *Rambour d'hiver*, variété plus tardive ; *Api rose*, *Api noir*, *Api blanc*, trois variétés de même nature et de couleur différente, petit fruit très-joli, assez bon, et se conservant tout l'hiver.

6

COIGNASSIER. Il faut au Coignassier un terrain profond, gras et frais, et, quoiqu'il ne soit pas délicat, exposé au soleil du midi. Ses fruits en seront meilleurs et plus parfumés ; avantage qu'il importe d'accroître, puisqu'il est le principal des coings, destinés à faire des liqueurs, des compotes et des gelées, des raisinés, etc. Le Coignassier se multiplie si lentement par ses pepins, qu'on a recours aux boutures et aux éclats : c'est là sans doute la cause du peu de variétés que l'on en connaît. En effet, il n'y en a que deux : le *Coignassier commun*, qui est médiocre, et le *Coignassier de Portugal*, qui est bien supérieur, et dont il existe deux sous-variétés, l'une à fruits ronds, et l'autre à fruits plus allongés. Les fruits de la première s'appellent *Coings-pommes*, et la seconde *Coings-poires*. On cueille les coings en octobre ; ils se conservent très-peu.

NÉFLIER. Cet arbre, comme le précédent, figure assez désagréablement ; il se dresse mal et s'élève peu ; il n'aime pas la taille, qui d'ailleurs diminuerait ses productions, puisque la fleur paraît au bout des jeunes branches. Il s'accommode à peu près de tous les terrains et de toutes les expositions. On ne connaît que quatre variétés de Néflier : le *Néflier sauvage*, dont les fruits sont petits comme une grosse aveline, mais d'une acidité agréable ; le *Néflier sans noyaux*, plus petit encore, médiocre, mais n'ayant pas les pepins pierreux et durs, qu'on trouve dans les autres Néfliers ; le *Néflier à gros fruit*, soit précoce, soit tardif, soit rond, soit allongé, variété moin\; acide, plus beurrée et plus recherchée. C'est dans le courant d'octobre, et le plus tard que l'on peut, qu'il faut cueillir les Nèfles, pour les étendre sur la paille où elles mûrissent, c'est-à-dire mollissent.

§ II. *Fruits à noyau.*

ABRICOTIER. Il est à propos de placer l'Abricotier en bonne exposition au midi ou au sud-est, dans une terre amendée et profonde. On le multiplie soit par le semis, soit par l'écusson sur amandier, ou bien, ce qui vaut mieux, sur prunier ou sur son propre semis. L'Abricotier réussit en plein vent, mais il est préférable en espalier. Quand il est trop chargé de fruits, il faut en diminuer le nombre, afin de ne pas épuiser l'arbre, et pour qu'ils soient à la fois plus beaux et plus savoureux. Voici les noms des principales variétés d'Abricots : *Abricotin*, petit, mûr à la fin de juin ; *Abricot blanc*, presque aussi précoce ; *Abricot angoumois*, agréablement acide, parfumé, très-coloré : fin de juillet ;

Abricot commun, gros fruit, excellent; *Abricot de Hollande*, ou *Amande-Aveline*, à cause de la saveur de son amande, petit fruit de bon goût; *Abricot de Provence*, petit, chair sèche et sucrée : tous trois fin de juillet; *Abricot de Portugal*, petit, chair fondante et exquise : mi-août; *Abricot alberge*, ou simplement *alberge*, meilleur en plein vent, et de semis, dont on préfère la variété de Tours à celle de Mongamet : fin d'août; *Abricot-Pêche*, fondant, sucré, très-gros et beau, venant bien en plein vent : mi-août; *Abricot royal*, variété récente du précédent un peu plus précoce.

Pêcher. Parmi les nombreuses variétés de fruits produits par cet arbre, qui malheureusement est délicat et a peu de durée, on distingue les suivantes : *Pêche grosse mignonne*, grosse et délicate, peu difficile sur l'exposition : fin d'août; *Pêche vineuse de Fromentin*, variété de la précédente, mais ayant la saveur vineuse; *Pêche abricotée*, gros fruit à chair jaune, ayant un peu la saveur d'abricot, mais mûrissant difficilement dans les cantons froids : fin d'octobre; *Pêche de Malte*, chair fine et exquise : commencement de septembre; *Pêche Madeleine de Courson*, gros fruit d'un beau rouge, ferme et vineux; *Pêche admirable*, ou *Belle de Vitri*, fruit gros, vineux et exquis : mi-septembre, à peu près comme la précédente ; *Pêche alberge jaune*, sucrée, vineuse ; *Pêche Chevreuse hâtive*, fondante et très-sucrée : toutes deux au commencement de septembre ; *Pêche galante*, fruit presque brun, chair exquise : fin d'août : *Pêche téton de Vénus*, sucrée, fruit excellent : fin de septembre ; *Pêche royale*, variété tardive de l'Admirable ou Belle de Vitri : commencement d'octobre ; *Pêche Chevreuse tardive*, excellente : fin de septembre ; *Pêche violette hâtive*, sucrée et vineuse : commencement de septembre.

Prunier. Cet arbre a un très-grand avantage sur le précédent : il peut se passer toujours de l'espalier et de la taille ; il est plus robuste, il est moins délicat sur le choix du terrain, puisqu'il réussit dans les terres compactes et froides ; il vient à toutes les expositions, quoiqu'il préfère pourtant, comme tous les arbres fruitiers, les terres profondes, légères et grasses, fraîches sans humidité, en pente vers le sud ou le sud-est, et à l'abri des vents du nord et du nord-ouest. Ses variétés préférables sont : *Prune de Damas d'Espagne*, sucré, parfumé : mûre au commencement de septembre ; *Prune royale hâtive*, variété de la Reine-Claude, violette : commencement de juillet ; *Prune de Monsieur*, gros fruit fondant; *Prune royale de Tours*, gros et sucré : toutes deux fin de juillet ; *Perdrigon blanc* ou *rouge*, très-sucré et parfumé : commencement de septembre ; *Prune-pêche*, très-grosse, même saveur et maturité que la Prune de Monsieur, mais plus agréable ; *Prune de Brignole*, très-sucrée, et surtout employée en pruneaux ; *Prune de Reine-Claude*, fruit exquis, mûr en août, et qui a plusieurs sous-variétés : celle qui est *verte* et *grise*, et celle qui est *violette* ; *Prune abricotée*, bien supérieure à la Prune-abricot, musquée, fine : commencement de septembre ; *Prune Mirabelle*, *grosse* et *petite*, toutes deux sucrées et très-bonnes : mi-août ; *Impériale violette*, grosse, sucrée : fin d'août ; *Prune diaprée violette*, très-bonne : commencement d'août ; *Prune impératrice blanche*, sucrée, agréable : commencement de septembre ; *Prune de Sainte-Catherine*, très-bonne en espalier, commencement d'octobre ; *Prune de Saint-Martin*, ressemblant entièrement à la Reine-Claude, violette, bonne et très-tardive.

Cerisier. Cette espèce donne plusieurs variétés principales : le Merisier, le Guignier et le Cerisier. La *Merise noire* est la plus sucrée, et la meilleure pour les liqueurs et les ratafiats ; elle vient de noyaux et n'a pas besoin de la greffe. Voici les variétés les plus re-cherchées des autres Cerisiers : I. *Guigne à gros fruit noir :* commencement de juin ; *Guigne à gros fruit blanc :* fin de juin ; *Guigne noire luisante*, grosse et très-bonne : commencement de juillet ; *Bigarreau à gros fruit rouge :* fin de juillet ; *Bigarreau à gros fruit blanc*, plus succulent que le précédent ; *Bigarreau gros cœuret*, très-bon fruit : août ; *Bigarreau tardif*, ou *Cerise des quatre à la livre*, très-gros, chair médiocre : mi-août ; *Bigarreau jaune*, petit, mais sucré. — II. *Cerise naine précoce :* mi-mai ; *Cerise anglaise*, ou *royale hâtive*, fruit plus gros que le précédent, très-bon : fin de mai ; *Cerise à trochets*, acide, agréable : juin ; *Cerise-guigne*, très-bonne : fin de juin ; *Cerise de Montmorenci à gros fruit*, gros, très-brun, mais peu produc-tive : commencement de juillet ; *Gros-gobet de Montmorenci*, moins gros que le précé-dent, mais plus délicat ; *Griotte de Villènes*, bonne : fin de juin ; *Griotte ambrée de Vil-lènes*, un peu plus tardive ; toutes deux pro-duisant médiocrement ; *Griotte royale tar-dive*, ou *Cerise anglaise tardive*, grosse, excellente, productive : août ; *Griotte de la Palembre*, ou *Belle de Choisi*, très-grosse, exquise, mais peu productive : juillet ; *Griotte de Varennes*, belle, bonne, tardive ; *Griotte à gros fruit blanc*, très-bonne ; *Griotte cherry-*

duck; *Griotte de Portugal* : toutes quatre mûres en août; *Griotte du nord*, très-tardive, employée pour les ratafiats et même les confitures; *Griotte de la Toussaint*, fruit médiocre, mais dont on peut encore manger en septembre, et quelquefois en octobre.

§ III. *Fruits à enveloppe.*

AMANDIER. Il faut à cet arbre, dont la fleur est très-précoce, une bonne exposition; il aime les terres fraîches, profondes et substantielles. On peut le mettre en espalier ou l'abandonner en plein vent, le semer ou bien le greffer sur prunier ou sur lui-même. Ses meilleures variétés sont les suivantes: *Amande à coque dure et fruit doux*, plus ou moins grosse, plus ou moins longue, plus ou moins tardive; *Amande à coque tendre et fruit doux très-gros*; *Amande-princesse*; *Amande-sultane*; *Amande-pistache*, toutes trois à coques tendres; *Amande amère*, soit *à coque dure*, soit *à coque tendre*; *Amande-pêche*, participant de la pêche et de l'amande, fruit doux, mais médiocre, dont on mange l'amande et la partie succulente qui l'enveloppe. On mange les amandes douces soit en vert, soit en sec.

Noyer. C'est, avec le châtaignier, le plus grand arbre de nos vergers. Il est assez difficile sur le choix du terrain, qui, pour lui convenir, doit être profond, substantiel et frais. La Noix se mange soit en cerneaux, soit fraîche, soit sèche. On cultive peu de variétés du Noyer. Voici les meilleures : *Noyer commun*, très-productif ; *Noyer à coque tendre*, fruit délicat ; *Noyer tardif*, préférable dans les pays froids, parce qu'il fleurit tard ; *Noyer de jauge*, à très-gros fruit, rarement plein, et qui n'est bon qu'en vert ; *Noyer à gros fruit long*, coque tendre, très-bon fruit sec ; et *Noyer de Montbron*, fort pittoresque, fleur tardive ; fruit excellent, coque très-tendre.

Noisetier. Cet arbre vient très-bien en buisson ; il s'élève plus difficilement en tête de plein air. Un terrain gras, frais et pierreux lui convient beaucoup. On préfère les variétés suivantes : *Noisette franche*, *blanche* ou *brune* ; *Noisette franche rouge* ; *Aveline*, gros fruit ; *Noisette ovale* ; *Noisette en grappe*.

Chataignier. Arbre très-grand, et qui a besoin d'une terre fraîche et profonde, surtout granitique. C'est là qu'il pousse plus vite et s'élève plus haut. On l'élève de semis, ou bien l'on greffe le Marronnier, ou Châtaignier à gros fruit, sur le Châtaignier commun. La greffe préférable est la greffe en flûte, ou la bague, ou l'écusson à œil poussant. Les meilleures Châtaignes sont : la *Châtaigne pourtalonne*, bonne et belle, bien sucrée; la *Châtaigne verte du Limousin*, grosse, et de longue conservation; la *Châtaigne exalade*, productive, très-sucrée; le *Marron de Lyon*, le *Marron d'Agen*, le *Marron d'Aubrai*, le *Marron de Luc*, très-gros, bien sucrés, très-bons.

§ IV. *Fruits délicats.*

MURIER. Les feuilles du Mûrier blanc servent à la nourriture des vers à soie. On ne cultive pour la table que le Mûrier à fruit noir. Il est difficile de le faire reprendre à la transplantation. Le terrain qui lui convient le mieux est celui qui est sablonneux et substantiel, bien exposé au midi; il veut d'assez fréquens arrosemens dans les premières années, surtout lorsque le temps est sec. Le fruit, acide sucré, est fort agréable et très-rafraîchissant; on le mange en général, comme le melon, au commencement du repas. Il mûrit de la fin de juillet à la mi-septembre; comme les fruits ne parviennent pas ensemble à la maturité, on en jouit assez long-temps.

FIGUIER. Un terrain sablonneux, pierreux

et substantiel, bien exposé au midi, défendu du nord, du nord-est et du nord-ouest, est celui de tous qui convient le mieux au Figuier, qui veut aussi être protégé contre l'humidité, surtout celle qui est froide. Dans les hivers rigoureux, il périrait s'il n'était empaillé avec soin, ou couché dans le sable et recouvert. Voici celles de ses variétés qu'on peut cultiver généralement : *Figue longue* ou *printannière*; *Figue blanche ronde*, ou *grosse blanche d'automne*; *Figue violette*, encore plus sucrée que les deux précédentes.

Vigne. Nous ne parlerons ici que de la Vigne propre à donner pour les tables un raisin agréable à manger, mûrissant facilement et cultivée en petit. Comme elle est originaire des pays chauds, il lui faut un sol sec, une bonne exposition au sud, et à l'abri des vents froids. Une terre pierreuse, mélangée de sable, de marne et de terre franche, est celle qui convient le mieux, sinon pour la végétation de la Vigne, du moins pour la qualité du raisin. Dans les pays froids de la France, on ne peut la cultiver qu'en treille, en cordon, ou en espalier le long des murs. Dans les contrées plus chaudes, on l'élève le long des berceaux des jardins, on la taille en coupes ou vases, on l'arrondit en bouquet. Il est essentiel de la tailler et nettoyer dès le mois de février, afin de ne pas l'exposer à s'affaiblir par la perte qu'elle fait, à l'époque de la végétation, d'une partie de sa sève, qui coule comme de l'eau pendant plusieurs jours. On multiplie la vigne soit de boutures, soit de marcottes enracinées, ou de drageons. Le nombre de ses variétés est considérable ; nous allons indiquer les meilleures : *Morillon gros* et *petit du Doubs et du Jura*, très-précieux ; *Chasselas doré*, bon et beau, grosse grappe ; *Cioutat Verdal*, très-délicat, sucré, grains verts et gros, mais mûrissant difficilement ; *Muscat blanc de Frontignan*, grosse grappe, mais grains très-serrés, sucré, délicat ; *Verjus jaune* ou *rouge* ou *violet*, grappe très-grosse, assez agréable quand il mûrit. On ne le cultive guère que pour s'en servir avant sa maturité ; ainsi on peut le placer à l'ouest ou au nord. *Chasselas noir*, très-bon ; *Raisin Saint-Pierre*, gros et très-agréable.

CHAPITRE VII.

ESPALIERS ET TAILLE.

Les meilleurs espaliers pour la production comme pour la qualité des fruits, sont ceux qui sont dressés le long des murs exposés au midi, ou au moins au sud-est et au sud-ouest. On fait aussi des espaliers ou éventails sur les plates-bandes des jardins; ils gâtent l'économie du jardin, masquent les planches, et nuisent aux produits des bordures; ils sont moins productifs que ceux qui sont dressés le long des murs. Toutefois, lorsqu'on n'a pas de murailles, ou qu'on n'en a pas assez, on a recours aux éventails. Cependant les quenouilles sont préférables; elles produisent passablement, portent peu d'ombre, et ne masquent pas le jardin.

La taille a pour objet de rendre les arbres plus réguliers dans leurs branches, et plus féconds en beaux fruits, dont la maturité sera plus prompte et plus complète.

L'arbre ayant été dressé convenablement, et conduit avec soin, on commence en février ou au commencement de mars, par le nettoyer proprement à la serpette, de ses chicots et mauvaises pousses, de son bois mort et de ses onglets, de façon que la sève puisse cicatriser la plaie.

La Taille doit commencer par le bas de l'arbre, en s'élevant graduellement. On espace les branches avec égalité, pour ne pas laisser de vide; on palisse à mesure en attachant la branche au treillage avec de l'osier fin, ou des loques. Comme la taille se fait à une époque où il est facile de distinguer les bourgeons à fruit de ceux qui ne doivent produire que des feuilles, on ne conserve des premiers que la quantité suffisante. Il faut tailler les branches à fruit depuis trois yeux jusqu'à huit, suivant la force des branches; quand on taille trop court, on n'obtient que des gourmands ou branches parasites; quand on laisse trop de bois, on épuise l'arbre, et l'on finit par n'en tirer que des branches chiffonnes sans utilité. Si on taillait sur une trop grande quantité de branches, on manquerait de place pour distribuer le nouveau bois au palissage.

Quelques observateurs pensent que la méthode d'enlever les gourmands est vicieuse : elle dérange l'économie de l'arbre, qui dépérit et ne jette bientôt plus que des branches fluettes. Schabol prescrit de laisser pousser les gourmands jusqu'en juillet, en les palissant le mieux qu'il est possible, et de les rabattre, à cette époque, à deux, trois ou quatre yeux, ou même au bourgeon latéral le plus bas. L'effet de ce ravalement est de faciliter l'ouverture des yeux par en bas, et de produire ainsi plusieurs branches à fruit, ou crochets, dont les yeux ont le temps de se développer pour donner, l'année suivante, à chaque branche ainsi arrêtée, des fruits beaux et nombreux. Au printemps qui suit ce ravalement, on doit tailler ces branches à un, deux et trois yeux. Il est donc à propos de ne supprimer les gourmands que lorsqu'ils sont mal placés, ou qu'ils absorberaient trop de sève, et appauvriraient les branches voisines. Il y a d'ailleurs des gourmands qu'il importe d'autant plus de ménager qu'ils peuvent servir à garnir un espalier vide et nu.

La plupart des arbres à espalier offrent cinq espèces de branches : les gourmandes ou les faux bois, jets vigoureux et droits; les branches à bois, qui proviennent des yeux des branches taillées annuellement; les lambourdes, qui sortent partout, même du tronc, petites branches menues, longues et garnies d'yeux ronds très-rapprochés, et donnant du fruit dès leur première année dans les arbres à noyau, mais seulement au bout de trois ans dans les arbres à pepin; les brindilles, qui croissent comme les lambourdes, mais qui sont moins longues et plus nourries ; et les branches chiffonnes ou folles.

Ordinairement on ne conserve dans la taille que les branches latérales, faciles à étendre en éventail ; on coupe toujours en bec de flûte et à peu de distance d'un œil. On doit enlever les pousses avec ménagement, et ne pas continuellement dépouiller un arbre de tous ses jets. On casse seulement les lambourdes par le bout, et l'année suivante, ou même dès l'automne, on les taille à un ou deux yeux.

Les brindilles ne donnent de fruit qu'à la troisième année : précieuses dans les jeunes arbres, on doit les enlever sur les vieux, afin de tâcher d'obtenir des pousses plus vigoureuses, ou des gourmands, qu'on taille longs pour supprimer la grosse branche la plus voisine ; ce qui fournit un moyen facile de rajeunir, par degrés, les arbres devenus vieux.

Le Pêcher, qui n'a que dix à quinze ans de durée, et qui s'épuise promptement par l'abondance de ses productions lorsque ses fleurs n'ont reçu des météores aucune influence fâcheuse, veut des soins particuliers et beaucoup de ménagemens. Pendant le printemps, il est à propos de pincer et d'étouffer les bourgeons qui se placent mal, c'est-à-dire qui poussent en avant et en arrière; de disposer les jeunes pousses latérales suivant leur force, c'est-à-dire de laisser monter les faibles et de courber les fortes vers la terre. Dès le mois de juin, il convient de rabattre les branches qui s'emportent, et de réduire le nombre des fruits s'il est trop considérable. On veille en général pour tous les espaliers à ce que l'arbre ne s'emporte pas plus d'un côté que de l'autre : si cet inconvénient avait lieu, un des côtés serait trop appauvri et périrait, tandis que l'autre côté deviendrait trop fort; à proprement parler, il n'y aurait plus d'espalier. Il faut donc, autant qu'il est possible, dès le commencement des tailles, établir et maintenir une certaine égalité entre les branches. On reconnaît facilement, dans le Pêcher, la différence qui existe entre les branches à bois et les branches à fruit : les premières sont grises, les secondes sont vertes et rougeâtres. C'est une précaution indispensable de couper les jeunes branches, que l'on est obligé de rabattre ou de raccourcir au-dessus d'un bouton à feuilles, parce que les feuilles sont nécessaires à la prospérité du fruit qui viendrait mal, ou même ne viendrait pas du tout, s'il était privé de ces feuilles, qui le nourrissent d'air et l'abritent. Les branches qui ont donné du fruit doivent être coupées pour faire place à d'autres qui en donneront à leur tour. Il faut toujours ménager avec soin des branches à bois afin de tenir le Pêcher bien garni, sans vides ni éclaircis inutiles ; ces branches doivent être choisies parmi celles qui naissent au plus bas et plus près de l'origine des branches principales.

Quand on a fini de tailler les arbres, qu'on a jugé de leur effet en les regardant de loin, et qu'on y a mis la dernière main, il est à propos de les serfouir, d'enlever les gourmands qui poussent au pied, de nétoyer la tige et les grosses branches de leurs vieilles écorces, et de remédier aux plaies.

Schabol remarque que des gourmands courbés à la fin de juillet s'étaient couverts d'yeux propres à donner des lambourdes, et qui produisirent beaucoup de fruits : c'est ce qui l'amena à proposer la méthode des courbures, si utile dans plusieurs circonstances.

Si une branche est trop vigoureuse, on peut la navrer, c'est-à-dire lui faire une entaille à mi-bois, que l'on recouvre d'onguent de Saint-Fiacre, ce qui ralentit le cours de la sève. Il suffit quelquefois de tordre un peu une branche parasite pour la mettre à fruit, de pincer le jet, ou même de le casser en juillet, quand il menace d'absorber trop de sève.

Si les arbres ne donnent pas ou ne donnent plus de fruit, il est quelquefois bon de les dé-

chausser pour leur donner de bonne terre,
de leur enlever proprement quelques racines
s'ils sont trop vifs, et même de les mettre à
nouveau bois s'ils sont trop vieux.

Les Arbres en buisson, les Arbres nains,
les Quenouilles, ont besoin d'être dirigés pour
qu'ils puissent conserver la forme qu'on leur
destine ou qu'on leur a donnée. Cette taille
se fait aussi à la serpette et d'après les principes prescrits pour les espaliers.

La taille de la Vigne admet quelques règles
particulières. On taille entre deux yeux et
non pas tout auprès d'un œil, parce que la
sève qui s'écoule de la coupure, même en
temps froid, ferait à cet œil un préjudice no-
table. Les sarmens sont rabattus à deux ou
trois yeux, puis supprimés les années suivantes, afin de tenir courts les Chicots ou
Coursons qu'on raccourcit en les rabattant sur
l'œil le plus proche. Indépendamment de
cette taille qui s'opère en février, on rabat,
dès que le fruit est noué, les jeunes pousses
ou sarmens qui s'enchevêtreraient, gâteraient
la Vigne, et empêcheraient les grappes de
grossir en attirant à eux une sève considérable.
On enlève même les sarmens sans fruit et
inutiles; et, lorsque les grappes sont parvenues
aux deux tiers de leur accroissement, on
coupe de nouveau les petites branches inutiles
qui ont poussé depuis la floraison, et on rabat
celles qui sont chargées de fruits.

CHAPITRE VIII.

COUCHES, SERRES ET ORANGERIE.

Nous avons donné ci-dessus, pag. 64 à 66, la description d'une bonne couche ; c'est la couche à melons, la plus importante, et la plus difficile à faire.

En général, on forme les couches d'un mélange de substances végétales, mises en fermentation par l'humidité avec des substances animales, telles surtout que l'urine des chevaux, des bœufs, etc. C'est principalement de litière fraîche, puis de fumier, et même de vannures de grains, de feuilles sèches, de marc de raisin, de végétaux en fleur, qu'on se sert pour garnir le fond des couches, au-dessous du terreau. Le tan est quelquefois employé, mais il est lent à fermenter, et sa chaleur est peu vive. Une couche est *chaude* quand, formée comme celle du melon, elle est parvenue à développer sa chaleur ; elle devient *tiède* quand le mouvement de fermentation subsiste encore, quoique ralenti. On appelle couche *sourde*, celle qui, moins étendue et moins bien garnie, a moins de chaleur que les deux précédentes. Dans tous les cas, des châssis ajoutent à cette chaleur si précieuse, qui se conserve d'autant mieux que la couche est plus isolée du sol, et mieux défendue du froid, des vents et de l'humidité.

SERRE. La meilleure exposition pour les Serres, est celle qui, principalement tournée au midi, le serait aussi à l'est et à l'ouest, c'est-à-dire celle qui réunirait la chaleur du soleil pendant toute sa durée, depuis son lever jusqu'à son coucher. Une bonne Serre doit être construite en bonnes pierres dans ses fondations, puis, à partir du niveau du sol, en briques bien cuites. La brique est préférable à la plupart des pierres, qui sont exposées à transuder, à donner de l'humidité et à la conserver long-temps. Or, il importe de défendre la Serre et de l'humidité qui pourrit les plantes, et du froid qui arrête leur végétation, inconvéniens qui les font périr promptement. Il faut une antichambre à la Serre, afin qu'en y entrant on ne fasse pas pénétrer avec violence l'air extérieur. Elle doit être fermée, du côté du soleil, de châssis vitrés, dont les verres sont enchâssés dans de petites lames de fer, plus solides et plus minces que ne le seraient les panneaux de bois. Plus les verres seront dégarnis, plus le soleil, et par conséquent la chaleur, pénétreront dans la

Serre. On incline le châssis vitré, ou fenêtres, à proportion de la chaleur qu'on veut donner. Comme on peut craindre que la grêle ne brise ces verres, et que, dans les hivers très-rigoureux, le froid ne s'introduise dans la Serre, il faut avoir la facilité d'étendre des rideaux de grosse toile, des paillassons, et même des contrevents en bois. Des conduits de chaleur construits en briques minces, avec quelques bouches qu'on ouvre à volonté, servent à d'stribuer à un degré convenable (8 à 20 degrés) le calorique entretenu par le moyen d'un fourneau, dont l'ouverture est en dehors de la Serre proprement dite, et que l'on peut établir dans l'antichambre. Au moyen d'un thermomètre, placé dans l'intérieur de la pièce, on détermine le degré de chaleur dont on a besoin. Deux petites fenêtres, à l'est et à l'ouest, servent à donner de l'air de temps en temps, afin que les plantes ne s'étiolent pas, et qu'elles profitent de cet air extérieur, quand il n'est ni humide, ni trop froid. On conserve dans l'antichambre un baquet plein d'eau pour les arrosemens, qui doivent se faire avec le gouleau, et non la gerbe de l'arrosoir, afin de ne verser l'eau qu'au pied de la plante où elle est nécessaire. Les caisses, les pots, les vases doivent être placés de manière à ne pas se gêner, et à pouvoir être visités pour le serfouissage et l'enlèvement des feuilles

mortes ou pourries. On les dispose en amphithéâtre, autant qu'il est possible, afin de
pouvoir, d'un coup d'œil, voir toute la col-
lection, et en rayons ou lignes, afin de les
aborder plus facilement, soit pour les arroser
et les nétoyer, soit pour tourner et retourner
les plantes vers le soleil, tous les huit ou dix
jours. Sans cette dernière précaution, elles se
penchent et s'avancent non-seulement vers le
soleil, mais encore vers la lumière ; et alors
leur forme deviendrait désagréable.

ORANGERIE. L'Orangerie ne diffère de la
serre, qu'en ce qu'elle n'a pas besoin d'être
chauffée. Il faut qu'on puisse l'aérer dans le beau
temps, lorsqu'il fait sec et que le soleil luit,
afin d'assainir la pièce et de dissiper l'humidité. L'exposition à l'est, et même à l'ouest,
lui suffit. Si elle est tournée au midi, il est à
propos de tirer un rideau, pour diminuer un
peu la chaleur que le soleil y introduirait,
et qui exposerait mal à propos, surtout de
décembre à mars, les plantes à passer de la
chaleur du jour à la froidure des nuits. Ces
alternatives, qui se font sentir même dans
les appartemens fermés, lorsque le soleil peut
les échauffer dans les jours non ténébreux,
sont préjudiciables à la végétation, et même
à la santé des plantes.

CHAPITRE IX.

PLANTES A FLEURS, ARBRES, ARBUSTES D'ORNEMENT.

Les Plantes de choix que l'on peut cultiver dans les Jardins soit ordinaires, soit paysagers, sont des Arbres, des Arbrisseaux ou Arbustes, des Plantes vivaces et des Plantes annuelles ou de peu de durée, et des Ognons ou Bulbes, produisant des fleurs agréables.

Les Plantes délicates ne viennent bien que dans la terre de bruyère, sorte de terreau mêlé de sable fin, composant un terrein très-léger; plusieurs ne sont pas assez robustes pour passer les hivers en plein air; quelques-unes même ont besoin, non pas seulement de l'abri de l'Orangerie, mais encore de la chaleur des Serres. Nous donnerons à ce sujet peu de détails, qui seraient déplacés dans un ouvrage de la nature de celui-ci, que nous destinons aux petites fortunes. La nomenclature de toutes les plantes d'agrément et d'ornement occuperait un grand nombre de pages : nous nous bornerons aux plus remarquables, et à celles dont la culture exige quelques instructions particulières.

Les fleurs sont d'autant plus belles, plus éclatantes, que le terrain où elles croissent est moins gras et compact; elles se conservent mieux quand on peut pendant leur épanouissement les mettre à l'abri des pluies et des coups de soleil au moyen de tentes de toile; leurs graines lèvent mieux dans une terre légère, sur couche, même sous châssis, bien exposées au soleil et entretenues d'arrosement, que partout ailleurs. Les plantes, même vivaces, ont besoin d'être déplantées toutes les fois que les racines sont devenues trop vieilles et trop grosses, et d'être séparées pour former de nouveaux pieds. Les ognons ou bulbes, aussitôt que les feuilles sont desséchées, et qu'ils sont bien mûrs, doivent être tirés de terre, pour n'y rentrer que vers l'hiver ou au printemps. Nous parlerons de l'époque du semis et de la plantation des fleurs, dans *l'Année du Jardinier*, où nous décrirons mois par mois les divers travaux qu'il doit exécuter à leur époque convenable.

Nous distinguerons en deux sections les fleurs dont nous allons parler, savoir : *les Fleurs à simples racines*, et *les Plantes bulbeuses et à ognons*. Deux chapitres particuliers seront consacrés aux Arbres et aux Arbrisseaux d'ornement, propres à l'embellissement des Jardins Paysagers qu'on a eu tort d'appeler Jardins Anglais, puisqu'ils sont d'origine chinoise, et auxquels le titre de Paysagers convient d'autant mieux que leur objet est de présenter des aspects pittoresques et un choix de Paysages variés, tels qu'en offre la belle nature dans les points qui charment la vue, inspirent la mélancolie, élèvent l'imagination, et causent, par la surprise, d'agréables émotions qui produisent des sensations douces ou fortes.

§ Ier. *Fleurs à simples racines.*

ŒILLET. Nous avons de cette belle plante vivace quelques variétés et quelques couleurs fort belles. Elle est robuste, facile à cultiver, et produit en juillet des fleurs d'une assez longue durée, surtout lorsqu'elles sont préservées des atteintes du grand soleil et de la pluie. Les Œillets les plus recherchés sont l'*Œillet à ratafiat* ou Grenadin, gros rouge; l'*Œillet Prolifère*, très-grand, ayant un double bouton et se crevassant si on ne contient pas son calice au moyen d'une carte; l'*Œillet jaune*; et l'*Œillet des amateurs*, dont les pétales ne doivent pas être dentelées, ni tiquetées de points colorés, mais qui doit présenter sur un blanc net ou une simple couleur violette, rose, cramoisi, incarnat, isabelle, marron, ou feu, ou bien deux de ces couleurs distinctes. Quoique l'Œillet vienne très-bien en pleine terre, et qu'en planche il produise un effet agréable, quelques amateurs préfèrent le mettre en pot, afin de combiner sur un amphithéâtre de planche ou de gazon les OEillets fleuris, d'après leur couleur, et de varier cette disposition tous les jours. Comme cette plante a peu de volume, et qu'au moyen des marcottes on la réduit tous les ans, et que ces marcottes donnent au bout de huit à dix mois de fort beaux OEillets, il suffit que les pots aient 10 centimètres (6 pouces) de diamètre à leur ouverture, et 16 centimètres (8 pouces) de hauteur.

La terre qui convient à l'OEillet est un mélange de terre franche et de terreau : c'est dans ce terrain qu'il faut l'établir soit en pot, soit en pleine terre. Quant aux semis que l'on fait pour obtenir de nouvelles combinaisons de couleurs, il faut les jeter sur cette même terre ameublie d'un peu de sable ou de terre de bruyère, et n'y mettre au printemps que des graines obtenues sur des OEillets doubles où dominent de belles couleurs nettement déterminées. Les OEillets se propagent aussi par les boutures et par les marcottes. Les premières sont de jeunes rameaux détachés de la plante : on les enlève à la fin d'août, on les fend proprement en deux jusqu'au-dessus d'un nœud autour duquel naîtront les jeunes racines ; on maintient l'écartement des deux parties au moyen d'un gravier ou d'un petit morceau de bois; on les pique dans du terreau mélangé de terre de bruyère; on les place à l'ombre et on leur donne de légers arrosemens. Les marcottes se font à la même époque, ou même un peu plus tard, parce que la reprise est plus certaine. Cette opération s'exécute ainsi : on choisit autour du pied d'Œillet que l'on veut propager les branches les plus vigoureuses; on les coupe en dessous jusqu'à moitié de leur épaisseur, de manière qu'elles tiennent bien à la tige principale qui contribuera à les nourrir; puis on biaise une entaille de 2 à 3 centimètres (1 pouce environ) de prolongement depuis la première incision, en avançant le long du rameau. C'est cette portion inférieure du rameau que l'on fixe en terre de bonne qualité disposée autour du pied principal, de manière qu'elle forme l'équerre avec l'autre moitié supérieure du rameau opéré. Pour bien assujétir la marcotte en terre, on l'y contient au moyen d'un petit crochet de bois. Quand la reprise est certaine, et que la jeune marcotte est pourvue de bonnes racines, on la détache en coupant le reste du rameau près de la mère plante, et on l'établit soit en pot, soit en pleine terre. Si le temps est sec, il faut arroser de temps en temps les Œillets marcottés, afin d'accélérer la pousse des jeunes racines et pour rendre de la vigueur à la plante fatiguée par l'opération du marcottage.

Il existe plusieurs variétés de l'Œillet, mais qui ne sont pas propres à être marcottées; on les multiplie de graines ou plus facilement de drageons enracinés, ou même de boutures éclatées du pied principal; tels sont l'*Œilletin* ou *Œillet Mignardise*, qui donne au commencement de l'été une grande quantité de petites fleurs odorantes, soit blanches, soit roses, soit rouges, soit pourpre-puce; l'*Œillet de poëte*, qui n'est que trisannuel et qui forme en juin et en juillet des ombelles fort agréables, soit blanches, soit rouges, soit pourpres, soit roses, soit panachées; l'*Œillet d'Espagne*, qui a quelque rapport avec le précédent, mais dont le feuillage est d'un vert plus foncé, les fleurs plus doubles, les ombelles plus petites, et la couleur d'un beau rouge cramoisi; l'*Œillet de la Chine*, qui est bisannuel, et dont les fleurs charmantes, rouge-vif, pourpres, ou panachées, paraissent de juin à novembre, surtout quand la fin de l'été est humide ainsi que le commencement de l'automne. Ce dernier Œillet et l'Œillet de poëte doivent être propagés par le semis.

PRIMEVÈRE. Il existe trois variétés de cette jolie plante vivace qui tient peu de place;

produit des fleurs charmantes, nombreuses et durables, et se propage facilement de rejetons, ou mieux encore de graines semées en automne, qui donnent parfois des fleurs nouvelles et très-agréables. Ces variétés sont 1°. la *Primevère commune*, qui fleurit dès le commencement du printemps et souvent aussi en automne, soit simple, soit double, de couleur rouge, blanche, jaune, pourpre, ou mélangée de velouté brun, noir, feu orangé, rose-vif, lilas etc., ou bien bordée sur fond jaune ou blanc, de pourpre velouté, de brun, de rouge etc.; 2°. l'*Oreille d'ours, Auricule*, ou *Primevère Auricule*, qui fleurit aux mêmes époques, mais dont le feuillage est plus petit et d'un vert plus pâle, et qui produit des fleurs charmantes par la vivacité et la pureté de leurs couleurs beaucoup plus nombreuses que celles de la Primevère commune, puisqu'il y en a, outre celles dont nous avons parlé, de bleues, de vert-olive, de marron etc., à diverses nuances, sur œil ou centre soit blanc, soit jaune; 3°. la *Primevère à feuilles de Cortuse*, qui donne en avril et en mai de jolies fleurs pourpres. Les amateurs qui aiment les collections n'en peuvent guère réunir de plus agréables que celles des deux premières variétés qui, mises en pot et disposées en amphithéâtre, produisent le plus agréable effet et pendant fort long-temps, si on les met, au moyen d'une tente, à l'abri des pluies et du soleil depuis onze heures jusqu'à deux et trois heures, suivant la saison et le degré de chaleur. L'Auricule est plus délicate que la Primevère commune. Toutes deux aiment une exposition fraîche et un peu ombragée, mais non humide ni couverte, une terre légère et substantielle, des arrosemens fréquens pendant les longues sécheresses des étés.

Plusieurs amateurs, dont les jardins sont spacieux, aiment à réunir un assez grand nombre de fleurs. Nous allons leur désigner les plus curieuses, que nous classerons 1°. en vivaces; 2°. en bisannuelles et plus, et 3°. en annuelles (*).

1°. Les *plantes vivaces* les plus agréables sont les Achillées; les Aconits; les Agavés, S; les Aloès, S; l'Alisse; les Ancolies; les Anthemis ou Camomilles; les Apocyns; l'Arénaire; les Arums dont quelques-uns sont d'O ; les Asclépiades; les Asters; les Astragales; la Bétoine à grandes fleurs; la Brunelle à grandes fleurs; les Buphthalmes; les Cactus, S; les Campanules, dont quelques-unes ne sont pas vivaces; la Capucine à fleurs doubles, O;

(*) L'initiale O signifie plante d'Orangerie; le S, plante de Serre.

la Comméline tubéreuse, S ; la Coquelourde fleur de Jupiter ; le Coqueret ; la Cupidone bleue ; les Dahlias, dont il faut mettre les tubercules à l'abri du froid et de l'humidité ; les Dauphinelles ; les Digitales ; la Dionée Attrape-mouche, S ; le Doronic ; les Epilobes ; les Ficoïdes, dont quelques-unes sont annuelles ; le Fragon ou Houx-Frélon ; la Fraxinelle ; le Galéga ; les Gentianes ; les Geraniums, O ; la Gesse vivace ou Pois vivace ; la Giroflée jaune ou brune ; les Gnaphales ou Immortelles ; la Guimauve ; le Haricot à grandes fleurs ; les Hellebores ; les Ibérides, O ; les Immortelles, O ; les Ipomées, O ; les Iris ; les Joubarbes ; les Juliennes ; les Ketmies ; les Lins ; les Lobélies ; les Lychnides, dont une (la Lychnide de Chalcédoine) est plus connue sous le nom de Croix de Jérusalem ; les Marguerites ; la Matricaire ; les Mauves ; les Mélisses ; les Ményanthes ; les Millepertuis ; la Mollène de Mycon ; les Monsonies, O ; le Muflier ; les Muguets ; les Nenuphars ; l'Origan ou Marjolaine ; l'Orobe ; les Panicauts ; les Pervenches ; le Phlomis ; les Phlox ; le Phitolacca ; le Pigamon à feuilles d'Ancolie ; la Pitcairne, S ; les Pivoines ; les Podophylles ; les Polémoines ; la Pontédérie, S ; les Primevères ; les Pulmonaires ; le Réséda, O ; le Ricin, S ; les Roseaux ; le Sainfoin animé ou Oscillant ; la Salicaire ; la Saponaire ; les

Sauges ; les Saxifrages ; les Sceaux de Salomon ; les Sédums, S ; le petit Soleil ; les Spirées ; les Staticés ; les Stévies, O ; les Strélitzias, S ; le Tussilage odorant ; les Valérianes ; les Varaires ; la Verge d'or ; les Véroniques ; les Verveines et les Violettes.

2°. Les *plantes bisannuelles* et *trisannuelles* les plus agréables sont les Alcées roses-tremières ou passeroses ; les Giroflées ; le Lotier Saint-Jacques, O ; la Michauxie, O ; la Mollène ou Bouillon blanc ; le Sainfoin et les Scabieuses.

3°. Les *plantes annuelles* les plus jolies sont les Adonides ; les Amaranthes ; la Balsamine ; les Basilics ; les Belles-de-nuit ; la Capucine ; le Carthame ; la Célosie ou Passe-velours ; les Centaurées ; les Chrysanthèmes ; les Coquelourdes ; les Crépis ; la Dauphinelle ou Pied d'Alouette ; les Enothères ou Onagres ; les Gesses, dont une variété est connue sous le nom de Pois de senteur ; les Giroflées ; la Gomphrène ou Amaranthe globuleuse ; le Haricot d'Espagne ; les Lavatères ; le Liseron tricolore ; le Lotier rouge ; les Lupins ; les Martynies, O ; la Nigelle ; les Pavots ; le Réséda qui est vivace dans l'Orangerie ; les Seneçons ; les Silènes ; le Soleil à grandes fleurs ; les Soucis ; les Stramoines ; les Tagétès, ou OEillet d'Inde et Rose d'Inde ; la Violette tricolore ou Pensée ; et les Zinnies.

7*

§ II. *Plantes bulbeuses et à ognons.*

Anémone. L'*Anémone des fleuristes* et l'*Anémone étoilée* ou *des jardins* sont remarquables par la grande beauté de leurs fleurs assez durables, et par la variété de leurs couleurs, dont les plus estimées sont le bleu céleste, le bleu foncé et le nacarat. Afin d'obtenir des variétés curieuses, on sème les graines de celles des Anémones simples dont les fleurs sont à la fois amples et de riche couleur. Ces graines doivent être semées en mars ou en avril sur une terre très-légère et un peu amendée de terreau consommé; on recouvre de 2 ou 3 lignes de terre légère ou de terre de bruyère, que l'on abrite d'un peu de mousse pour maintenir l'humidité de l'arrosement qui sera rare et peu considérable. Afin de garantir ce semis délicat de l'ardeur du soleil, il faut étendre dessus des rameaux en feuilles ou une toile fort bien tendue. Ce n'est guère qu'au bout de deux mois qu'on voit lever les jeunes plantes qu'il faut tenir bien propres, en sarclant souvent et en détruisant les limaces. Au bout d'un an, on déplante à la fin de juin les jeunes Anémones, on les sèche au grand air pour leur donner en octobre ou en avril une nouvelle terre, et on ne conserve que les plus belles variétés.

La terre la plus convenable pour l'Anémone se compose de moitié terre franche grasse, d'un quart de terreau provenant de fumier de cheval, d'un demi-quart de terreau de bouses de vaches, et d'un demi-quart de terre de bruyère. Ce mélange doit être bien manié et passé à la claie. On en forme une planche de 16 centimètres (8 pouces) de profondeur, sur laquelle, soit en octobre, soit en avril, on établit au cordeau les griffes à la distance de 20 centimètres (environ 1 pied) les unes des autres, que l'on ne recouvre de terre qu'autant qu'il en faut pour surpasser à peine l'œil de la plante. Il n'est pas inutile de semer de la suie en poudre sur la plate-bande afin d'en écarter les limaces. Si la plantation se fait en octobre, il faut à l'approche des gelées jeter un peu de litière sèche, ou des feuilles, ou de la fougère, sur le jeune plant, afin qu'il ne souffre pas. Au printemps il est à propos de sarcler, de biner et d'arroser fréquemment.

Pour jouir plus long-temps de la beauté de ces fleurs, on les met à l'abri du soleil et de la pluie au moyen d'une bâche ou grosse toile tendue à 1 mètre au-dessus (3 pieds environ).

Après la floraison, les feuilles se dessèchent par degrés. Aussitôt que cette dessication est complète, on retire de terre les griffes qu'on lave et nettoie des vieilles feuilles et de la terre; ensuite on les étend à l'ombre à un grand courant d'air, afin qu'elles ne restent pas long-temps humides. On les laisse ainsi jusqu'à ce qu'elles soient complétement des- séchées et propres à être mises dans des sacs de papier, jusqu'au moment où on doit les remettre en terre. C'est à l'instant où elles viennent d'être lavées qu'il faut séparer les griffes enchevêtrées, pour multiplier cette belle plante.

Aux Anémones dont nous venons de parler, il faut joindre l'*Anémone œil de paon* de cou- leur cramoisie, l'*Anémone hépatique* à fleurs doubles, soit roses, soit bleues, plante char- mante et petite qui fleurit à la fin de l'hiver.

Les *Renoncules* se cultivent comme les Anémones. On en distingue plusieurs va- riétés; la *Renoncule Asiatique* ou des jardins, soit jaune, soit rouge; la *Renoncule Afri- caïne*, dont la fleur est plus ample, et que l'on désigne aussi sous le nom de *Renoncule pivoine*, ou rouge vif, ou rouge panaché de jaune, ou jaune doré, ou jaune jonquille.

Jacynthe. Cette belle plante à ognon réu- nit la beauté, la précocité et l'odeur; elle y joint le mérite de pouvoir être cultivée en pleine terre. Ses variétés sont en grand nom- bre et offrent des fleurs soit bleues, soit bleude-ciel, soit roses, soit blanches, soit jaunes, avec diverses nuances. La terre qui convient aux Jacynthes doit être légère, composée de terre de bruyère et d'un tiers de terreau de jardin, ou de terre composée des détrits de bois et de feuillages consommés.

A la fin de septembre, on plante les Jacynthes en planches à 10 centimètres (6 pouces) les unes des autres ; l'alignement se fait au cordeau, et la terre qu'on leur donne doit avoir 16 centimètres (8 pouces) de profondeur, et se trouver à 5 centimètres (3 pouces) au-dessus du sol voisin, afin que les ognons ne souffrent pas de l'humidité de l'hiver. Pour écarter les limaces, il est utile de répandre sur la planche de la suie en poudre et des écailles d'huîtres concassées menu. Si l'hiver était rigoureux, on couvrirait avec de la paille ou de la fougère. Lés soins à prendre pour la plante et pour la prolongation de la durée des fleurs, sont les mêmes que ceux que nous prescrivons pour les Anémones. Il est quelquefois nécessaire de soutenir les rameaux en fleurs au moyen d'un petit tuteur, surtout lorsque les fleurons sont très-gros, afin que le vent ou la pluie ne les brise pas. On obtient des variétés par les semis comme pour toutes les autres fleurs ; mais on les propage plus promptement par les caïeux, qu'on sépare des ognons en les tirant de terre, quand les fleurs et les feuilles sont entièrement desséchées. Alors on nettoie les ognons, on les sèche comme les griffes d'Anémones et on les conserve sainement jusqu'à la replantation.

Lis. Cet ognon donne une belle fleur fort odorante, s'élevant noblement et n'ayant pas besoin d'être déplacée comme plusieurs autres de la même éspèce. Le *Lis commun* est blanc et fleurit en juin. Parmi ses variétés on distingue le *Lis blanc* à fleurs doubles; le *Lis ensanglanté*, flagellé de rouge; le *Lis de Constantinople*, plus petit; le *Lis à feuilles panachées*, etc. On doit cultiver aussi le *Lis orangé* à fleurs rouge-aurore; le *Lis pompone* ou *Lis turban* à fleurs rouge-ponceau; le *Lis Martagon* donnant, en juillet comme le précédent, des fleurs rouge-pourpre ponctuées de noir, et produisant beaucoup de belles variétés; le *Lis superbe*, dont les tiges montent jusqu'à 3 mètres (9 pieds), qui exige la terre de bruyère et produit des fleurs rouge-orangé, ponctuées de brun; le *Lis du Kamschatka* à fleurs jaune-doré et à odeur de jonquille, qui paraissent en juillet, et le *Lis tigré* donnant à la même époque ses amples fleurs d'un beau rouge-orangé.

Lis des Incas, ou Alstroemère à fleurs tachées. De juin à octobre, jolies fleurs blanches rayées de rose carmin et tachées de jaune et de pourpre. Multiplication par les graines et la séparation des racines. Pot. *Serre.* Il en existe une variété à fleurs rayées qui fleurit en février ou en mars.

TULIPE. Cette fleur magnifique, qui offre des couleurs et des nuances très belles, provient aussi d'un ognon facile à cultiver et à multiplier, comme la jacynthe. La Tulipe est, toutefois, moins délicate. On la met en terre par planches alignées au commencement d'octobre; on la couvre un peu de litière pendant les grands froids; on l'abrite du soleil et de la pluie pendant sa floraison; on la tire de terre, et on la soigne comme les anémones et les jacynthes. Voici le nom des principales variétés : *Tulipe des fleuristes,* c'est la plus belle et celle dont il existe le plus de sous-variétés par rapport aux couleurs; la *Tulipe sauvage*; la *Tulipe gallique,* toutes safranées; la *Tulipe de l'Ecluse,* à fleurs rose-violet bordé de blanc; la *Tulipe de l'Ecluse,* à fleurs jaunes; la *Tulipe œil du soleil,* à fleurs d'un beau rouge ; la *Tulipe odorante,* ou *Duc de Thol,* à fleurs rouges bordées de jaune; la *Tulipe bossuelle,* à fleurs soit blanches, soit d'un beau jaune doré, rayé de rouge; et la *Tulipe turque,* à fleurs, ou blanche, ou rouge laque, ou rouge vif basé de jaune.

Parmi les plantes bulbeuses qui méritent

la préférence, on choisit les Amarillys Antho-lyze, S ; les Asphodèles ; les Bananiers, S ; les Colchiques ; les Crinoles, S ; les Crocus ; les Cyclamens, dont quelques variétés sont de S ; les Cypripèdes ; les Cyrtanthes, S ; la Ferraria ondulée, S ; les Fritillaires, O ; le Galant d'hiver, ou Perce-neige ; les Glaïeuls ; les Hémérocalles ; les Iris ; les Ixies, S ; la Jonquille ; les Chenoles ; les Mélanthes, S ; les Méthoniques, S ; les Morées ; les Muscaris ; les Narcisses, dont la jonquille est une variété ; les Nivéoles ; les Orchis ; les Ornithogales ; les Pancratiers ; les Scylles ; les Sparoxides, S ; les Tigridies, O ; les Trimota, O ; et les Tubéreuses, O.

Il faut à toutes ces plantes une terre légère comme celle que nous prescrivons pour les Anémones. On les multiplie de caïeux que l'on enlève tous les deux ou trois ans, en nettoyant les ognons. Quant à celles des plantes bulbeuses dont on ne tire pas de caïeux, on en sépare proprement les tiges enracinées pour les propager. Il est important de ne mettre les Tubéreuses en pots qu'au mois de mars ; ces pots seront placés sous cloches ou sous châssis que l'on recouvre la nuit, afin de favoriser la végétation. Peu d'arrosemens d'abord suffisent à cette plante d'une odeur délicieuse ; de l'air, puis, vers le mois de juin, exposition au soleil à l'air libre.

CHAPITRE X.

ARBRES PROPRES AUX JARDINS PAYSAGERS.

Ces Arbres seront classés, ainsi que les Arbustes du Chapitre suivant, en plusieurs sections, d'après leur grandeur et leur feuillage. La première est composée des *Arbres* de Première Grandeur; la seconde, des Arbres de Seconde Grandeur, tous deux à feuilles annuelles; et la troisième, des Arbres Verts. Nous les classerons tous, ainsi que les Arbustes, par ordre alphabétique, le plus commode pour trouver promptement dans une longue nomenclature les plantes dont on veut s'occuper.

§ Ier. *Arbres de première grandeur.*

Acacia *commun*, ou Robinier faux Acacia, montant à plus de 20 mètres (60 à 70 pieds). Cet Arbre, dont le port est gracieux et le feuillage charmant, est peu difficile sur le choix du terrain, et pousse vigoureusement. Toutefois, les terres profondes, fraîches et substantielles, lui conviennent mieux que toute autre. Il a l'inconvénient d'être très-cassant et fort épineux ; mais ses belles grappes de fleurs blanches à odeur de fleur d'oranger le rendent précieux pour les jardins paysagers , où , pour le conserver dans sa beauté , il faut le placer à l'abri de quelques grands arbres ou de côtes qui le préservent des vents d'ouest. On recherche les variétés suivantes : le *Robinier spectabilis,* supérieur au précédent pour l'ampleur des feuilles et des fleurs, pour l'odeur plus suave, et parce qu'il est dépourvu d'épines ; le *Robinier rose,* qui ne monte qu'à 5 mètres (15 pieds), à belles fleurs rose-carmin, mais dont le bois est très-cassant ; le *Robinier visqueux,* à peu près de même hauteur, à fleurs rose-pâle ; le *Robinier sans épines,* à fleurs jaunes ; le *Robinier de la Chine,* donnant en mai ses grandes fleurs jaunes, et ne s'élevant guère qu'à un mètre (3 à 4 pieds) ; et le *Robinier Pygmée,* plus petit de moitié que le précédent et fleurissant jaune, etc.

Acacia de Constantinople, ou Julibrizin. Il fleurit en août et en septembre ; ses fleurs, d'un blanc rosé avec de belles étamines rouges qui dépassent les pétales, font un bel effet. Le port de l'Arbre, qui s'élève à 10 mètres (30 pieds au moins), a de la grâce et s'arrondit en pommier. Terre fraîche légère. (*Orangerie.*)

Aʟɪsɪᴇʀ terminal. Arbre élégant qui, dans nos bois et nos parcs, monte à 7 mètres (plus de 20 pieds), fleurit à la fin de mai, et donne dans l'été et l'automne des fruits rouges agréables à la vue.

L'*Alisier de Fontainebleau* s'élève un peu plus haut et produit des fruits de couleur pon--ceau, ou rouge orangé vif. L'*Alisier blanc*, ou *Alouchier*, est plus grand encore : sa hauteur est de 8 à 10 mètres (30 pieds). L'*Alisier à épi*, ou *Amélanchier du Canada*, forme un buisson de 3 mètres au plus (9 pieds) ; ses fleurs sont disposées en épi. Ses fruits, pour lesquels on le recherche, font, comme ceux de tous les Alisiers, la parure des bosquets et des jardins paysagers, par le nombre et l'é-clat de leurs fruits d'un beau rouge qui se maintiennent depuis la fin de juillet jusqu'aux gelées. Un terrain frais et meuble convient à ces Arbres, qui, au surplus, sont peu difficiles.

Aᴜɴᴇ. Cet arbre très-vigoureux, et qui a l'avantage de croître dans des marécages et dans les lieux les plus humides, même au sein des eaux, soutient les terres et consolide les fossés par ses nombreuses racines. Son écorce est noirâtre, son feuillage d'un vert très-foncé est bien garni, ses pousses très-vigoureuses. Il s'élève à plus de 25 mètres (de 60 à 80 pieds) en vingt ans. Recépé, il forme des buissons très-épais et des massifs. Il pousse plus vite que le Peuplier et le Saule, et prospère au sein des eaux et des marécages, où le Peuplier languit. On le multiplie de graines, de boutures ou de marcottes.

L'*Aune à feuilles panachées*, et l'*Aune à feuilles découpées*, sont deux variétés fort agréables de cet Arbre, dont le bois est d'un bon produit.

AYLANTE GLANDULEUX, ou Vernis du Japon. Cet Arbre, d'un beau port, et dont la cime s'étale avec majesté, n'est pas difficile pour le terrain, quoique, toutefois, il préfère celui qui est frais, léger et substantiel; il pousse avec vigueur, et se couvre d'un feuillage vert jaunâtre qui est ailé et ample. Ses pousses sont vigoureuses, mais le bois est mou dans sa première jeunesse : il devient très-bon pour la menuiserie et l'ébénisterie. On multiplie cet Arbre par les graines, ou par les rejetons, ou même par des boutures de ses racines.

BONDUC, ou Chicot du Canada. Il ne s'élève guère en France qu'à 6 mètres (18 ou 20 pieds), tandis qu'au Canada il monte à 20 mètres (plus de 60 pieds). Sa tête produit un bon effet, ses feuilles sont amples, ses fleurs sont blanches et tubulées. Il est délicat; cependant il réussit bien en pleine terre, pourvu qu'il ne soit pas trop à découvert et que la terre soit légère, fraîche et substantielle. On le propage de semis, de boutures et de marcottes.

Bouleau. Cet Arbre, quoique très-commun, surtout dans les bois, n'en est pas moins un des plus agréables que l'on puisse employer dans les jardins paysagers, à cause de la grâce de son port, de la douce verdure de ses jeunes pousses et de la vigueur de sa végétation. Il s'élève à 20 mètres. Son écorce blanchâtre avec une nuance fleur-de-pêcher produit un bon effet quand il est devenu gros, et tranche d'une manière pittoresque sur la verdure dont il est entouré. Ses rameaux minces retombent avec flexibilité, surtout dans la variété qu'on appelle *Bouleau pleureur*. C'est donc un des Arbres les plus propres à figurer dans les parcs et les jardins paysagers.

Outre le Bouleau Pleureur, le Bouleau présente encore, comme variétés remarquables, le *Bouleau de Virginie*, Bouleau Odorant, ou Bouleau Merisier, parce que ses feuilles ressemblent à celles de cet Arbre forestier; le *Bouleau Noir*, le plus grand de tous, et le *Bouleau Nain*, ou *de Laponie*, qui ne s'élève pas au-dessus de 60 centimètres (2 pieds). Tous ces Bouleaux viennent bien dans toute terre et à toute exposition, quoiqu'on ait dit qu'il leur fallait une terre humide. On les multiplie de boutures, de marcottes et de graines. Comme les semences de Bouleau sont très-petites, il est difficile de les faire lever, à moins qu'on ne les sème sur terre de bruyère, à l'ombre, en recouvrant d'un peu de mousse et en arrosant souvent. A la troisième année, on peut transplanter les jeunes Bouleaux, qui poussent ensuite très-vite.

CAROUBIER, ou Carouge. Cet Arbre, qui vient en pleine terre dans le midi de la France, périt au nord pendant les fortes gelées. Il donne dans le courant d'août ses fleurs en grappe pourpres auxquelles succèdent des gousses longues et plates qui contiennent les graines enveloppées dans une pulpe sucrée, mais un peu laxative. Le Caroubier est un arbre agréable, il est toujours vert ; on le multiplie de graines. Quoique, dans le nord et même le centre de la France, le Caroubier ne vienne bien que lorsqu'il passe l'hiver dans l'*orangerie*, on peut le conserver à l'abri des murs en l'y exposant au midi.

CATALPA ; Bignonia Catalpa. Quoiqu'il monte dans la Caroline à une hauteur presque double, il ne s'élève en France qu'à 9 ou 10 mètres (3o pieds). Sa large cime et ses feuilles très-amples font un bon effet ; la couleur en est d'un vert clair et pâle. A la fin de juillet, ce bel arbre se couvre de ses belles fleurs blanches, tiquetées de rouge et de jaune, ressemblant à celles du Marronnier d'Inde, mais beaucoup plus grandes et d'un aspect superbe. Il ne réussit bien que dans une terre légère, meuble et franche, un peu fraîche. On le multiplie de graines en avril, ou de boutures ou de rejetons.

Il existe plusieurs variétés du Catalpa : le *Catalpa de la Chine,* qui a de belles fleurs jaunes, orangé, et veut l'*orangerie* ; le *Catalpa de Norfolk,* dont les fleurs sont blanches ; le *Catalpa de Virginie,* à fleurs rougeâtres, etc. Ces trois variétés sont sarmenteuses et propres à tapisser des murs : elles ne réussissent, toutefois, bien que dans l'*orangerie.*

Cerisier. Le Cerisier à fleurs doubles d'un beau blanc et d'un bel effet fleurit en avril. Ces fleurs tombent par bouquets avec beaucoup de grâce. C'est un des plus beaux arbres à fleurs qu'on puisse placer dans les jardins. Toutefois, il est inférieur au *Merisier à fleurs doubles,* ou *renonculier,* dont les bouquets sont plus amples. Il se greffe sur le Merisier commun, et s'élève fort haut. Il est d'un port noble et agréable.

Outre les Cerisiers qui appartiennent aux arbres fruitiers, ceux qui sont d'ornement offrent quelques variétés curieuses, telles que le *Merisier à grappes*, dont les fruits rouges ne sont pas comestibles; le *Cerisier odorant*, ou *Arbre de Sainte-Lucie*, ou *Mahaleb*, dont le bois, les feuilles, et surtout les fleurs blanches, exhalent une odeur très-agréable; le *Cerisier du Canada*, ou *Cerisier nain*, qui ne s'élève guère au-dessus d'un mètre (3 pieds); le *Cerisier à feuilles de pêcher*, dont les fruits non mangeables sont d'un rouge vif; le *Cerisier-Laurier de Portugal*, qui monte à 5 mètres (15 pieds), toujours vert, et donnant de jolies fleurs blanches de mai à juin; le *Cerisier Laurier cerise*, de même hauteur que le précédent, d'un beau feuillage luisant et toujours vert; le *Cerisier-Laurier du Mississipi*, également toujours vert, s'élevant à 13 mètres (40 pieds); et le *Cerisier de Virginie*, beaucoup plus grand, très-bel arbre et facile à multiplier par la greffe sur le Merisier.

CHARME. Le Charme est un arbre très-commun, qui s'élève à 12 ou 14 mètres (plus de 40 pieds). Il se couvre d'une infinité de rameaux, depuis sa base jusqu'à son sommet. Il est très-propre à faire des haies, des salles de verdure, des bosquets. On appelle Charmilles ceux de ces arbres qu'on taille à peu de distance, soit avec les forces, soit avec le croissant.

On en connaît quelques variétés, telles que le *Charme à feuilles panachées*, le *Charme à feuilles découpées*, le *Charme de Virginie*, et le *Charme d'Italie*.

Ces arbres viennent bien dans toutes sortes de terrains; mais ils préfèrent un sol meuble et frais.

CHÊNE. Cet arbre est le plus important et le plus robuste de nos contrées. Il offre surtout deux variétés précieuses : le *Chêne blanc*, ou *Chêne à grappes*, ou *Chêne gravelin*, et le *Chêne Rouvre*, ou le *Chêne commun à glands Sessile*, ou *Chêne durelin*. Ils s'élèvent jusqu'à 3o mètres (près de 100 pieds), et ne conviennent que pour les grands jardins paysagers. Voici quelques variétés qui peuvent entrer dans les petits jardins : 1° Le *Chêne Vert*, ou *Yeuse*, qui conserve ses feuilles pendant les hivers, arbre buissonneux et tortueux, d'un bel effet, toutefois, ainsi que le Chêne Liége avec lequel il a beaucoup de rapports, mais qui craint encore plus le froid du nord de la France; 2° le *Chêne étoilé*, qui ne monte comme les précédens, qu'à 10 mètres (3o pieds), et rarement au-dessus, quoiqu'il puisse s'élever à 15. Ses glands sont mangeables, comme ceux de l'Yeuse et du Liége ; 3º le *Chêne noir*, de 6 à 8 mètres (18 à 25 pieds), remarquable par son feuillage, mais délicat dans le nord ; 4º le *Chêne Saule*, propre pour les lieux humides ; ses feuilles étroites ont quelque rapport avec celles du Saule ; il est peu délicat sur le choix du terrain, et s'élève à 15 mètres (40 à 50 pieds).

Ces arbres se multiplient très-bien par les glands ou par la greffe en approche, quand l'espèce est rare. Autant qu'il est possible, il faut semer le Chêne à demeure ; il souffre difficilement la transplantation, surtout lorsque son pivot est endommagé.

Cormier ou Sorbier ; Sorbier des oiseleurs ou Cochêne. Il monte à 8 mètres au plus (25 pieds), et donne dès l'été ses fruits ronds d'un beau rouge bien disposés en bouquets élégants. Il est à propos de placer aussi dans les jardins paysagers les variétés connues sous les noms de *Sorbier domestique*, plus grand de moitié que le précédent, à beaux fruits jaunes rougeâtres ressemblant à de petites poires ; le *Sorbier Hybride*, à gros fruits rouges ; le *Sorbier d'Amérique*, à gros fruits rouges vermillon. On les multiplie de semis qui vient très-lentement, et beaucoup mieux par la greffe sur épine blanche, coignassier ou néflier.

Erable. On cultive avec autant de succès que de facilité toutes les variétés de cet arbre dont le bois est utile pour le tour, la menuiserie et même la charpente. Il se multiplie de graines qu'on a stratifiées pendant l'hiver. Les variétés suivantes sont les plus estimées : *Erable commun* ou *Petit Erable*, formant buisson ou s'élevant à 10 mètres (30 pieds), si l'on a soin de l'élaguer ; *Erable Sycomore*, de 20 mètres (plus de 60 pieds) de hauteur, d'un beau port ; *Erable à feuilles de platane* ou *Erable de Norwège*, moins élevé que le précédent ; *Erable griffon* ou *pate d'oie* ; *Erable de Tartarie*, arbrisseau d'un effet agréable à cause de ses fleurs à calice rouge et de ses graines dont les ailes sont de la même couleur ; *Erable de Montpellier*, grand arbrisseau ; *Erable de Virginie*, grand arbre fort beau dont le bout des rameaux est rouge, et qui se multiplie de ses graines semées aussitôt qu'elles sont mûres ; *Erable rouge*, croissant bien dans les terreins humides, s'élevant à plus de 20 mètres (60 pieds), et dont les fleurs sont d'un rouge foncé ; *Erable jaspé*, moins grand que le précédent, mais à plus larges feuilles, dont l'écorce jaspée, d'abord verte au printemps, jaunâtre en été, devient rouge pendant l'hiver ; *Erable à feuilles de Frêne* ou *Erable Negundo*, s'élevant très-haut ; l'*Erable hybride* ; l'*Erable de Crète* ; l'*Erable*

Opale; l'*Erable de Pensylvanie*; et l'*Erable à Sucre* qui monte à plus de 25 mètres (environ 80 pieds), fournissant par incision une sève sucrée. On peut greffer cette dernière variété sur l'Erable rouge ou sur l'Erable Sycomore.

Frêne. On distingue plusieurs variétés de ce bel arbre dont l'écorce est propre, la végétation prompte, le feuillage élégant, mais exposé à se couvrir de cantharides, et fort sensible aux gelées. Cet arbre aime en général un sol gras et frais, et s'élève jusqu'à 20 mètres (60 pieds). Les plus agréables variétés du Frêne sont : le *Frêne jaspé* dont l'écorce se couvre de rayures longitudinales; le *Frêne pleureur* dont les rameaux se recourbent vers la terre d'une manière trop heurtée; le *Frêne doré* dont l'écorce est d'un beau jaune; le *Frêne à feuilles panachées*; le *Frêne noir* dont les feuilles sont de couleur foncée; le *Frêne à la manne*, originaire de la Calabre; le *Frêne à une feuille*; le *Frêne à fleurs* qui fleurit blanc à la fin du printemps; le *Frêne blanc d'Amérique* dont l'écorce est blanche, et qui s'élève à plus de 25 mètres (environ 80 pieds); le *Frêne quadrangulaire*, ainsi nommé de ses jeunes rameaux qui ont cette forme; le *Frêne tomenteux*, ou *Frêne rouge*, qui tire son nom du duvet rougeâtre dont il se couvre pendant l'automne; le *Frêne à feuilles de Noyer*; le *Frêne à feuilles de Sumac*, etc.

Hêtre. Ce bel arbre, d'une écorce lisse, d'un feuillage agréable et d'un port très-noble, s'élève à plus de 30 mètres (à près de 100 pieds). Il croît très-promptement lorsqu'il a plusieurs années de semis ou de transplantation, et préfère à tout autre terrein celui qui est sec, pierreux et mélangé profondément de bonne terre. Il reçoit par approche la greffe de ses diverses variétés, telles que le *Hêtre pleureur*, le *Hêtre à feuilles pourpres*, le *Hêtre à feuilles cuivreuses*, le *Hêtre à feuilles panachées* et le *Hêtre ferrugineux*.

Magnolier a grandes fleurs ou Laurier Tulipier. Arbre magnifique qui s'élève à plus de 30 mètres (près de 100 pieds). Il conserve ses feuilles et donne de juillet à novembre ses grandes et belles fleurs d'un blanc pur à étamines dorées, auxquelles succèdent des fruits coniques de couleur purpurine. Il doit être planté en bon fonds un peu sec à l'abri des vents du Nord et du Nord Est. Parmi les variétés, on cite le *Magnolier Acuminé*, aussi grand que le précédent et fleurissant bleu-verdâtre; le *Magnolier parasol* qui ne monte qu'à 10 mètres (30 pieds), à grandes fleurs blanches; le *Magnolier à grandes feuilles*, de même hauteur et de même couleur; le *Magnolier auriculé*; tous de pleine terre, ainsi que le *Magnolier glauque*, arbrisseau buissonneux de 5 mètres au plus (12 à 15 pieds environ), à fleurs soit blanches, soit pourpres; le *Magnolier de la Chine* à fleurs blanches soufrées, bordées de rouge carmin, arbrisseau de 2 mètres (6 pieds), d'*Orangerie;* et le *Magnolier nain* dont les fleurs blanches exhalent l'odeur d'ananas.

MARRONIER D'INDE. Ce bel arbre, qui n'est incommode qu'à l'époque de la chute de ses fruits à enveloppe épineuse, forme une belle tête, et se couvre de fleurs blanches avec des taches rouges formant une grappe élégante. Toute terre, toute exposition lui conviennent. On peut l'élaguer et le tondre, sans qu'il en souffre notablement. Il en existe une jolie variété à fleurs rouges; et une à feuilles panachées. On le propage par ses fruits stratifiés l'hiver dans le sable et mis en terre au mois de mars ou d'avril. Il en est de même des Paviers qui ont beaucoup d'analogie avec le Marronnier d'Inde; tels sont le *Pavier*, soit *à fleurs rouges*, soit *à fleurs jaunes;* le *Pavier à grands épis*, à fleurs blanches, et dont les petits marrons sont bons à manger; le *Pavier de l'Ohio* à fleurs également blanches, etc.

MERISIER à fleurs doubles. Il mérite la préférence sur le Cerisier à fleurs doubles, parce qu'il devient plus grand et que ses fleurs sont plus amples et plus élégantes à cause des longs pédoncules au bout desquels elles se balancent avec grâce.

MICOCOULIER. Une terre profonde, légère et un peu humide, jointe à une exposition chaude, convient aux diverses variétés de cet arbre susceptible de monter à 15 mètres et plus (40 à 50 pieds). On le multiplie de graines qui souvent ne lèvent que la seconde année. On distingue les variétés suivantes : *Micocoulier austral* ou *de Provence*, à petites fleurs verdâtres, et dont il existe une variété à fleurs panachées ; le *Micocoulier occidental* ou *de Virginie*, plus grand que le précédent et fleurissant plus tard, en avril et en mai ; le *Micocoulier oriental* qui ne s'élève qu'à 10 mètres au plus (25 à 30 pieds); et le *Micocoulier à feuilles en cœur* dont le feuillage est plus beau que celui des autres Micocouliers sur lesquels on peut le greffer.

NOYER. Plusieurs Noyers sont recherchés pour l'ornement des jardins paysagers. Tous se multiplient par leurs fruits stratifiés dans le sable et semés au printemps, ou par la greffe sur le Noyer commun. Ceux que l'on préfère sont le *Noyer noir*, très-grand, qui recherche un sol gras et humide où il pousse très-vite quoique son bois soit fort dur ; le *Noyer cendré*, moins haut ; le *Noyer blanc*, qui s'élève avec noblesse à plus de 15 mètres (près de 50 pieds) ; le *Noyer à feuilles de frêne*, un peu moins grand, mais d'un beau port. Quant au *Noyer Pacanier*, il se met très-tard à fruit, et ne réussit pas dans le nord de la France.

Olivier de Bohême ou Chalet à feuilles étroites. C'est un arbre d'un bel effet qui se couvre de beaucoup de rameaux revêtus, ainsi que son feuillage, d'un duvet blanchâtre. Ses fleurs jaunes, d'une odeur fort agréable, paraissent en juin et produisent une sorte d'Olive non comestible. On doit l'exposer au midi en terre légère. Il se propage de marcottes et de boutures.

Orme. Quoiqu'il soit peu employé pour les jardins paysagers où son feuillage produit peu d'effet, et où ses racines traçantes propagent partout de nouveaux rejetons, cet arbre a quelques variétés dont on peut tirer parti dans certains points de ces jardins, s'ils sont vastes. Il faut préférer l'*Orme tilleul* ou à larges feuilles, l'*Orme pédonculé* ou *de Hollande*, dont le feuillage a aussi de l'ampleur, l'*Orme rouge* et l'*Orme à feuilles crêpues*.

PEUPLIER. Cet arbre élégant, et qui en peu de temps parvient à une grande hauteur, aime les terreins un peu humides et de bonne qualité. Il offre beaucoup de variétés qui sont toutes fort agréables, telles que sont les suivantes : *Peuplier blanc*, *Blanc de Hollande* ou *Ypréau*, dont les feuilles, couvertes d'un beau duvet blanc, produisent un effet charmant ; le *Peuplier Tremble* remarquable par sa belle écorce lisse et la mobilité de son feuillage ; le *Peuplier d'Athènes* à feuilles en cœur ; le *Peuplier d'Italie* formant une belle pyramide ; le *Peuplier noir* dont les bourgeons sont odorans à la reprise de la végétation ; le *Peuplier de la Caroline* dont les jeunes branches sont anguleuses ; le *Peuplier de Virginie* ou *Peuplier Suisse* ; le *Peuplier du Canada* qui ne diffère du précédent que par ses branches plus écartées et ses feuilles plus larges ; le *Peuplier argenté d'Amérique* dont les feuilles sont soyeuses et fort larges ; le *grand Baumier* ou *Peuplier liard* dont les bourgeons sont très-odorans ; le *Peuplier Baumier* ou *Tacamahaca*, très-odorant, à petites feuilles et ne s'élevant qu'à 3 mètres (9 ou 10 pieds) ; et le *Peuplier à grandes dents*, dont les feuilles sont profondément dentées. Tous ces arbres se propagent facilement de rejetons, de boutures et de marcottes.

8*

PLATANE. Bel arbre susceptible de s'élever à 20 mètres (plus de 60 pieds). Le Platane convient aux paysages ; il réussit bien dans les fonds humides et produit un effet agréable par son feuillage découpé, son tronc brun, maculé de vert tendre, et la beauté de sa tête. Il en existe plusieurs variétés, telles que le *Platane d'Orient commun*, le *Platane d'Orient à feuilles d'Erable*, le *Platane d'Occident* ou *Platane de Virginie*, le *Platane ondulé*, le *Platane étoilé*, etc. Ces arbres se multiplient de boutures, de marcottes et de graines qu'on sème sur terre légère, un peu arrosée et recouverte de mousse.

POIRIER ; POMMIER ; PRUNIER. Il n'est question ici que des arbres d'ornement. Les Poiriers dont il s'agit pour cet effet, se bornent donc au *Poirier à fleurs doubles* ; au *Poirier de Crassane à feuilles panachées* ; au *Poirier biflore* fleurissant au printemps et en automne ; au *Poirier à feuilles de saule* ; au *Poirier cotonneux*, et au *Poirier de l'Inde à feuilles persistantes*, dont la pointe des rameaux est d'un beau rose.

Le Pommier offre aussi quelques variétés d'ornement, telles que le *Pommier à fleurs doubles* ; le *Pommier à bouquet* ou *de la Chine*, à fleurs semi-doubles dont les boutons sont d'un beau carmin ; le *Pommier odorant* ;

le *Pommier toujours vert*; le *Pommier de Sibérie* à fleurs en bouquets, et le *Pommier à petits fruits*, dont les fleurs blanches sont très-odorantes et dont les fruits sont rouges et gros comme des groseilles.

Toutes ces variétés se multiplient de semences ou se greffent soit sur le Poirier, soit sur le Pommier communs.

Le Prunier offre aussi des variétés d'agrément, telles que le *Prunier à fleurs doubles*, le *Prunier Myrobolan* et le *Prunier Perdrigon à feuilles panachées*, qui se greffent sur le Prunier commun. Le Myrobolan est un simple arbrisseau dont le fruit rouge a quelque rapport avec la cerise.

Saule. On cultive plusieurs variétés de cet arbre agréable par son port, son feuillage et ses chatons soyeux. Il s'élève de 12 à 15 mètres (plus de 40 pieds), surtout dans les terrains humides et gras. Voici le nom de ses principales variétés : *Saule blanc*, c'est le plus commun, son feuillage est argenté; *Saule pourpre* ou *Osier rouge*, ou *Osier franc*; *Saule jaune* ou *Osier jaune*; le *Saule viminal* ou *Osier vert*, dont il existe deux variétés, l'une à écorce blanchâtre, l'autre à écorce noire; le *Saule odorant*, dont les feuilles exhalent une odeur agréable; le *Saule Marceau*, dont on cultive les sous-variétés soit à feuilles panachées, soit à feuilles d'orme ; le *Saule de Ba-bylone*, *Saule pleureur*, *Saule du grand seigneur* ou *Saule parasol*, dont les rameaux, tombant avec grâce, sont propres à ombrager le bord des eaux, etc. On multiplie ces arbres par des boutures de 2 à 5 ou 6 années, enfoncées en mars dans un terrain humide.

Sophora du Japon. Ce bel arbre, dont l'écorce est d'un vert tendre et le feuillage d'un vert plus foncé, aime les terres substantielles et légères, et une bonne exposition au soleil. Quand il est grand, il produit des fleurs blanc-sale fort recherchées par les abeilles qui ne lui préfèrent que celles des orangers. Le *Sophora du Cap* n'est qu'un arbrisseau qui veut la *serre* chaude, ainsi que le *Sophora doré* à fleurs jaunes, le *Sophora à petites feuilles* et le *Sophora soyeux*, dont les feuilles sont argentées et dont les fleurs ne paraissent qu'en hiver.

Sureau commun. Bel arbre buissonneux, mais susceptible de s'élever à 8 ou 10 mètres (25 à 30 pieds), quand il est bien dirigé. Ses belles fleurs jaune-soufre, auxquelles succèdent des fruits rouges ou noirs, en grappes ou en ombelles, produisent un effet agréable. Il préfère les terres fraîches et substantielles, un peu légères ; mais il s'accommode pourtant de toute espèce de terrain. Il en existe plusieurs variétés, *à fruit blanc*, *à fruit vert*, *à feuilles panachées* et *à feuilles découpées*; le *Sureau du Canada* à feuilles profondément dentées, fleurissant à plusieurs époques de l'année, et le *Sureau à grappes* ainsi nommé parceque ses fleurs et ses fruits sont disposés en grappes, et non en ombelles comme les variétés précédentes, et qui donne des fruits d'un beau rouge fort agréables à la vue.

L'*Yèble* est un vrai Sureau, mais il perd tous les ans ses tiges herbacées. Sa fleur et ses fruits ressemblent entièrement à ceux du Sureau commun.

Tilleul commun. Susceptible de s'élever à la hauteur de nos grands arbres, le Tilleul est souvent condamné sous le ciseau à ne pas dépasser la dimension des allées ou galeries. Son feuillage est ample et beau, ses fleurs peu apparentes exhalent une odeur agréable. Les variétés les plus recherchées sont le *Tilleul à petites feuilles* qui peut devenir très-grand; le *Tilleul à larges feuilles* fort amples; le *Tilleul à rameaux rouges*; le *Tilleul du Canada* dont les feuilles sont fort amples aussi, et le *Tilleul argenté* ainsi nommé du duvet blanc qui tapisse le dessous de ses feuilles.

Tulipier de Virginie. Ce bel arbre, qui

peut s'élever à plus de 3o mètres (près de 1oo pieds), se propage par les graines et par les marcottes. Son port est noble, son feuillage gracieux et d'une forme particulière ; ses fleurs, qui ne paraissent que sur l'arbre déjà très-fort, ressemblent un peu à la Tulipe, et la couleur en est jaunâtre avec une tache rouge foncée. Le plus beau des Tulipiers est le *Tulipier à fleurs jaunes*, les plus amples et les plus odorantes. On cultive encore le *Tulipier à lobes obtus*, et le *Tulipier à feuilles entières*.

§ II. *Arbres de seconde grandeur.*

ARBRE DE JUDÉE ou Gaînier. Il s'élève de 5 à 8 mètres (15 à 25 pieds), et donne au printemps, avant l'apparition de ses feuilles, des fleurs légumineuses fort apparentes et d'un beau rouge. L'écorce de l'arbre est d'un brun foncé. Les gaînes ou gousses qui renferment les semences, et d'où il a tiré son dernier nom, ne font pas un bon effet quand elles approchent de leur maturité : aussi a-t-on soin de l'en dépouiller. Cet arbre se multiplie de graines, et conserve les formes qu'on veut lui donner. Il ne réussit très-bien que dans les terres légères, profondes, et qui sont bien exposées. On en connaît une variété *à fleurs blanches*.

AubÉpine, Epine blanche ou Néflier Au-
bépin. Cet arbre épineux, qui peut s'élever
à 10 mètres (30 pieds), est plus fréquemment
employé en clôtures, que deux tontes par an
rendent très-épaisses et très-solides. Il se multiplie de graines qui ne lèvent qu'au bont de
deux ans. On en distingue plusieurs variétés
qui fleurissent blanc. Ce sont : l'*Aubépine à
fruits rouges*; l'*Aubépine à fruits jaunes*;
l'*Aubépine de Mahon à fleurs roses*, soit
simples, soit doubles; l'*Aubépine de Mahon*,
soit *à feuilles panachées*, soit *à grandes fleurs*;
l'*Aubépine de Crimée* à fleurs très-odorantes.

CytIse. Le plus remarquable des Cytises
est le *faux Ebénier, Aubours*, ou *Cytise dès
Alpes*, dont le joli feuillage et les fleurs jaunes
pendantes en grappes produisent un bon effet
dans le mois de mai. On en cultive aussi en
pleine terre une variété à fleurs odorantes qui
se greffe sur le commun. Les variétés suivantes figurent très-bien, quoique moins élevées,
dans les jardins paysagers : *Cytise noirâtre* ou
à épis, formant un buisson d'un mètre de
hauteur (3 pieds), et fleurissant en jaune au
mois de juin ; *Cytise à feuilles pliées*, dont les
fleurs également jaunes paraissent à la même
époque ; *Cytise à feuilles sessiles*, en forme
de trèfle, qui se couvre de fleurs jaunes à la
fin du printemps; *Cytise velu*, à fleurs jaune

aurore; *Cytise argenté*, très-petit, et dont l'écorce est blanchâtre ; et *Cytise pourpré*, à fleurs rouges.

Fusain. Il s'élève de 3 à 5 mètres (9 à 15 pieds), et peu-remarquable par ses fleurs, il le devient beaucoup à la fin de l'été par l'éclat de ses fruits nombreux dont les capsules roses et même rouges ont à peu près la forme d'un Bonnet de prêtre, nom qu'on lui donne dans plusieurs contrées. Il y en a une variété *à larges feuilles*. On connaît aussi le Fusain galeux, dont l'écorce est couverte de verrues; le *Fusain toujours vert*, et le *Fusain noir-pourpre*. Tous font en buisson un bon effet dans les jardins paysagers.

Gleditzia Triacanthos , ou Février, ou Acacia Triacanthos. Cet arbre, de moyenne grandeur, offre un beau feuillage et d'énormes épines; ses fleurs sont blanchâtres, mais peu apparentes. On en cultive les variétés suivantes : le *Février sans épines*; le *Février Monosperme*; le *Février de la Chine*; le *Février à grosses épines*; le *Février de la Caspienne*, et le *Février de Java*, sans épines. Ce dernier est de *serre chaude*. Tous tirent leur nom de la gousse remplie d'une espèce de fèves, qui succède à la fleur.

Grenadier. C'est un arbre qui exige l'a-

rangerie, et que l'on met en caisse pour le ranger au printemps dans les parterres, où ses belles et nombreuses fleurs d'un rouge incarnat produisent beaucoup d'effet. On le plante dans un terreau bien amendé et mélangé avec de la terre de bruyère et un peu de sable. Il se propage de rejetons, de boutures et de marcottes. Plusieurs de ses variétés méritent une place distinguée dans l'orangerie et le parterre : ce sont le *Grenadier à fleurs doubles incarnat*, mal à propos nommé Prolifère ; le *Grenadier à fleurs blanches* ; et le *Grenadier des Antilles*, ou *Grenadier nain*, à fleurs, soit rouges, soit blanches, toutes deux simples, ou à fleurs doubles.

Jujubier. Susceptible de s'élever à 5 mètres (15 pieds), cet arbrisseau est très-épineux, et produit des fruits rouges qui, pour la grosseur et la forme, ressemblent à une olive. C'est par ses graines semées sur couche que l'on propage le Jujubier, dont une variété (le *Rhamnus Lotus* du mont Atlas), donna son nom aux Lotophages, et conserva long-temps la réputation usurpée de produire des fruits exquis. Il ne réussit guère que lorsqu'on lui fait passer l'hiver dans l'*orangerie*, ou qu'on le couvre de paille.

Laurier Noble, d'Apollon, ou Franc, ou

à sauce. Il s'élève de 8 à 10 mètres (20 à 30 pieds), et conserve son feuillage d'un beau vert foncé. Son port est élégant, et il est odorant dans toutes ses parties. Il a besoin d'abri pendant les hivers rigoureux. Il se multiplie de graines ou de rejetons. Ce n'est pas sans raison qu'on recherche les variétés suivantes : le *Laurier Faux - Benjoin*, qui aime une terre légère, substantielle et fraîche, fleurit jaune en mai , et produit des baies d'abord rouges , puis noires ; le *Laurier sassafras* donne des baies bleues à pédicules rouges ; le *Laurier Bourbon*, ou *Laurier rouge*, qui est d'*orangerie*, comme le suivant ; le *Laurier camphrier*, à fleurs blanchâtres et à fruit pourpre, dont les racines et les branches bouillies produisent du camphre ; et le *Laurier cannelier*, qui est de *serre* chaude, et dont l'écorce fournit la cannelle.

NÉFLIER. Les Aubépines sont de véritables Néfliers. Toutefois, dans l'usage, on distingue ces variétés. Les Néfliers épineux offrent aussi en outre plusieurs variétés dont voici les plus remarquables : l'*Azerolier* ou *Néflier de Naples*, ou *Epine d'Espagne*, à fleurs blanches, et à fruit soit en pomme, soit en poire, rouge ou jaune ; le *Néflier petit-corail* ou *Epine royale*, à belles fleurs blanches et à petites pommes d'un beau rouge ; le *Néflier Pyracan-*

the ou *Buisson ardent*, à petites fleurs blanc-rose et à grosses touffes de fruits rouges d'un bel effet; le *Néflier cotonneux* à fleurs jaunâtres et à fruits d'un beau rouge; le *Néflier luisant*, le *Néflier à feuilles* soit *de Poirier*, soit *de Prunier*, etc. Tous ces arbres se propagent par le semis, les rejetons, la greffe ou les boutures.

NERPRUN ou Alaterne. Cet arbre de 3 à 5 mètres (9 à 15 pieds), produit un bon effet par son écorce noire et ses feuilles ovales d'un vert luisant. Ses fleurs verdâtres, à odeur mielleuse, paraissent en mai. Ses variétés principales qui aiment un terrain frais et médiocre, et qui se propagent par les graines, les marcottes, les boutures et la greffe, sont : le *Nerprun à feuilles étroites*, le *Nerprun d'Espagne à larges feuilles*; le *Nerprun à feuilles panachées* soit de blanc, soit de jaune; le *Nerprun de Mahon*; le *Nerprun hybride*; le *Nerprun à feuilles d'Aune*; etc.

ORANGER. Cet arbre peu élevé, mais d'une forme arrondie fort agréable, a le feuillage luisant, odorant et persistant. Ses fleurs blanches, qui paraissent en juin et en juillet, exhalent un parfum délicieux; ses beaux fruits d'un jaune doré sont exquis et l'odeur en est très-suave. Nul arbre ne réunit autant de qualités à la fois bonnes et belles. On en connaît un grand nombre de variétés, telles que l'*Oranger de Portugal*, soit à fruit rond, soit à fruit cornu, soit à fruit rouge (c'est l'Orange-Grenade de Malte); soit à feuilles dorées, soit à feuilles panachées, soit à feuilles de laurier; l'*Oranger de Nointel*, à feuilles allongées; l'*Oranger poire du Commandeur*; l'*Oranger de la Chine*, à petites feuilles, dont il existe une variété panachée; l'*Oranger Turc*, à feuilles lisérées de blanc; l'*Oranger de Curaçao*; l'*Oranger Riche-Dépouille*; l'*Oranger Bigara de* soit cornu, soit à fruit violet, soit à feuilles de myrte; l'*Oranger Bergamotte* à fruits soit à côtes, soit ronds; l'*Oranger nain* soit à fleurs doubles, soit à feuilles panachées; l'*Oranger Pamplemousse* à larges feuilles et à gros fruit peu agréable; l'*Oranger à feuilles de Saule*, et l'*Oranger hermaphrodite*. On recherche encore les variétés suivantes : l'*Oranger à trois feuilles*; l'*Oranger des Mandarins*, et l'*Oranger de Florence* qui offre un fruit dont une moitié est une Orange et l'autre un Citron, pour la couleur, la forme et le goût.

Le Citronnier. Il ne diffère de l'Oranger que par son port. Ses feuilles sont plus grandes, son fruit plus ovale, et ses rameaux épineux. Voici le nom de ses principales variétés: le *Citronnier de la Chine*, à feuilles soit d'un vert pâle, soit panachées ; le *Citronnier d'Italie* ; le *Citronnier d'Espagne*, soit à fruit blanc, soit à fruit violet, etc.; le *Citronnier Mellarosa*, dont les feuilles ont l'odeur de la rose ; le *Citronnier à fleurs semi-doubles;* et le *Citronnier Poncire*, soit blanc, soit violet.

Le Limonier est un véritable Citronnier, mais dont les fruits sont moins allongés, l'écorce plus mince, et le bout mamelonné : il offre aussi plusieurs variétés soit *à gros fruit*, soit *à feuilles longues*, soit *à fleurs doubles*, soit *à fruits en grappe ;* le *Limonier Cedrat*, soit *Mellarosa*, soit *de Florence*, soit *à fruit rouge*, soit *du Liban.*

Les Orangers et les Citronniers craignent le froid et l'humidité. Ils n'exigent pas la serre ; il suffit de les rentrer à l'abri de la gelée dans un lieu sec, aéré, exposé à la lumière et au soleil, depuis le 15 octobre jusqu'à la mi-mai. On ne fera de feu dans l'Orangerie que lorsque le thermomètre marquera un degré au-dessous de zéro.

Ces arbres se multiplient par les pépins et par la greffe sur Citronnier. Les meilleurs pépins pour semis sont ceux de la Bigarade et de l'Orange à fruit de chair rouge, appelée communément *Orange de Malte.*

La terre la plus convenable à l'Oranger et au Citronnier est un composé 1° de terre franche légère, ou qu'on rend telle, par une suffisante addition de terre de bruyère, pour deux tiers ; 2° de terreau gras et bien consommé, provenant de fumier de cheval, pour l'autre tiers de la composition. On peut y ajouter avec avantage une petite quantité de poudrette équivalant à une vingtième partie du tout. On bat, on mêle, on passe à la claie, et on remplit les pots ou les caisses. Celles-ci valent mieux, parce qu'elles sont plus portatives, plus solides, et même plus durables, si elles sont faites de bon bois de Chêne.

Au commencement de mars, on sème les pépins dans de petits pots que l'on met sous cloche sur une couche chaude. Aussitôt que ces pépins sont levés, on donne par degrés un peu d'air, on arrose bien et vers le mois de juin on accoutume le jeune plant au plein air. A la fin d'août, on enlève ces plants pour les isoler dans de nouveaux pots où on les transplante avec le plus de motte qu'il est possible. Il faut les mettre sous châssis ou sous cloche pendant quelques jours pour faciliter leur reprise.

Ces pots seront rentrés dans l'Orangerie vers la première quinzaine d'octobre, un peu plus tôt, ou plus tard selon la température de la saison.

Ces jeunes Orangers seront transplantés

dans des caisses aussitôt qu'ils seront assez grands, au bout de quelques années.

Les soins dans l'Orangerie se bornent à donner de l'air tant qu'il n'est ni froid, ni humide, à arroser peu et rarement, à sarcler et serfouir, et à détruire les insectes.

Lorsqu'on fait sortir les plantes pour les exposer au plein air, il faut les y avoir accoutumées par degrés, et ne pas leur faire supporter tout-à-coup l'ardeur du soleil.

Il est à propos de renouveler la terre des pots ou des caisses tous les trois ou quatre ans, d'élaguer proprement les jeunes plants au mois de juin, afin de leur former une belle tige, et de ne les greffer que dans la serre où ils seront tenus avec soin pendant une dixaine de jours. La meilleure greffe pour ces arbres est l'écusson à œil dormant.

La taille qui doit être fort modérée se fera après la récolte des fleurs, et de manière à n'enlever que le bois mort et à rabattre les branches qui empêcheraient l'arbre de former une tête agréable.

PISTACHIER. Le vrai Pistachier s'élève à 7 mètres au plus (20 pieds). Il est d'*orangerie*. Son fruit est une amande verte fort bonne à manger. Cet arbre ne vient bien qu'en terre légère. Il en est de même du *Pistachier térébinthe*, ou *Pistachier sauvage*, dont on extrait la térébenthine, et du *Pistachier lentis-que*, toujours vert, et qui produit le mastic.

PROTÉE. Cet arbuste offre à la fois un feuillage persistant très-agréable, et de jolies fleurs fort élégantes. Il en existe un certain nombre de variétés dont voici les plus jolies : le *Protée Argenté,* qui s'élève à 4 mètres (12 pieds), et dont les feuilles et les fleurs sont argentées; le *Protée Élégant*, également couvert d'un duvet soyeux, et donnant en juillet ses fleurs, soit mélangées de jaune et de brun, soit noires; le *Protée à grandes feuilles*, fleurissant en automne, de couleur panachée de jaune, de pourpre et de blanc; le *Protée à fleurs en épi*, produisant en mai ses fleurs blanches; le *Protée à feuilles de pin*, à fleurs jaune-pâle ; le *Protée à grandes fleurs*, qui est magnifique; le *Protée cordé*, à belles fleurs rouge carmin; etc. Ces arbustes sont de *serre*, exigent la terre de bruyère, mélangée d'un quart de terre franche, se propagent de graines, quelquefois de boutures, et ne veulent pas être arrosés sur les feuilles.

§ III. *Arbres verts.*

BUIS. Arbre toujours vert, mais d'une odeur désagréable, poussant bien dans toutes sortes de terre, pourvu qu'elles ne soient pas trop humides. Il s'élève de 2 à 4 mètres

(6 à 12 pieds.). On recherche les variétés, soit à feuilles panachées, soit à feuilles étroites, soit à feuilles en fer de lance. Cet arbre pousse lentement, surtout les premières années. On le propage de boutures, ou même de semences. Sa verdure produit un bon effet dans les hivers; parce qu'elle est claire, et même un peu jaunâtre, luisante et pressée. On peut en faire des haies fortes et impénétrables que l'on taille, si on le désire, et qui prennent toutes les formes qu'on veut leur donner. Employé en berceaux, en massifs, il met tout-à-fait à l'abri du vent ou du soleil les bancs qu'on y place.

On en faisait jadis des bordures de plates-bandes qui avaient l'inconvénient de faciliter la reproduction des limaçons et des autres insectes. C'est avec raison qu'on a renoncé à cette parure stérile et monotone.

Cyprès. Cet arbre élégant et toujours vert offre plusieurs variétés qui toutes méritent une place distinguée dans les jardins paysagers : telles sont le *Cyprès pyramidal*, ou *Cyprès commun*, lequel s'élève à 10 ou 12 mètres (3o à 4o pieds au plus); il se multiplie de graines semées au printemps en terre de bruyère; il préfère l'exposition au midi à toute autre; le *Cyprès horizontal*, qui forme une pyramide moins régulière que le précédent;

le *Cyprès faux-thuya*, ou *Cèdre blanc*, dont le bois est incorruptible et qui s'élève à 25 mètres (près de 80 pieds); et le *Cyprès glauque*, ou pendant, montant à 5 mètres (15 pieds). Ce dernier exige l'*orangerie*.

GENEVRIER. Les Genevriers prospèrent partout, surtout dans les terrains pierreux, bien exposés, et un peu gras. Ils font un bel effet à cause de leur feuillage persistant, d'abord d'un vert tendre, puis argenté. On les multiplie de semences et de boutures faites en automne, à l'ombre, dans une terre grasse et légère. Les variétés suivantes doivent être recherchées : *Genevrier commun*; *Genevrier de Suède*, tous deux de 4 à 5 mètres (12 à 15 pieds) d'élévation, et formant un buisson très-agréable; le *Genevrier Sabine*, ou *Savinier*, *à feuilles de Cyprès*, c'est le mâle; le *Genevrier Sabine* femelle, ou *à feuilles de Tamarisc*; le *Genevrier Cèdre de Virginie*, ou *Cèdre rouge*, montant à 16 mètres (50 pieds environ), ayant l'écorce rougeâtre; le *Genevrier d'Espagne*, beaucoup moins haut, à baies grosses et noires; le *Genevrier de Phénicie*, à baies jaunâtres, arbrisseau de 2 mètres (6 pieds); le *Genevrier des Bermudes*, de 10 à 12 mètres (30 à 50 pieds environ), et le *Genevrier du Cap*.

Houx. Il s'élève ordinairement de 6 à 7 mètres (20 pieds environ) dans la plupart des contrées de la France. Toutefois, on en voit dans les départemens de l'Ouest qui montent beaucoup plus haut et présentent un beau coup d'œil par leur verdure éclatante et durable, et par la vivacité de leurs fruits rouges. Cet arbre, dont les feuilles deviennent moins piquantes à mesure qu'il est plus grand, n'est pas difficile sur le choix du terrain. On greffe sur le Houx ses diverses variétés, telles que les *Houx panachés, hérissonnés,* et *à feuilles sans épines,* le *Houx d'Amérique,* qui s'élève à plus de 12 mètres (près de 40 pieds), le *Houx de Mahon,* ou *de Minorque,* le *Houx du Canada,* tous de pleine terre; on peut aussi lui confier la greffe des *Houx de Madère,* soit *à feuilles de Laurier,* soit *Apalachine,* soit *Safrané,* qui sont d'*orangerie.*

If. Ce bel arbre, à tête arrondie, toujours vert, est susceptible de recevoir et de conserver toutes les formes qu'on veut lui donner. Son port est noble et élégant, et il s'élève jusqu'à 13 mètres (40 pieds). Il aime les terrains frais et un peu ombragés. On cultive depuis peu d'années un If fort agréable, qui, comme le précédent, se propage de boutures, de marcottes et de graines : c'est l'*If verticillé,* qui a la forme du Cyprès pyramidal. L'*If nucifère du Japon*, l'*If à longues feuilles*, et l'*If à feuilles dentées en scie* ne peuvent passer l'hiver que dans l'*orangerie*.

Mélèze d'Europe. Cet arbre résineux dont les feuilles annuelles offrent un effet charmant, ne se trouve ici placé que parce qu'il a beaucoup de rapport avec les arbres verts proprement dits. Il s'élève très-haut, prend une belle attitude pyramidale, et donne en mai ses fleurs rouges. Il pousse très-vite, réussit partout et surtout au nord. Il se multiplie de semence comme les arbres verts résineux avec lesquels il a beaucoup de rapport. Parmi ses variétés on recherche le *Mélèze d'Amérique* dont les feuilles et les cônes sont plus petits que ceux du précédent, et surtout le *Mélèze toujours vert* ou *Cèdre du Liban*, arbre superbe dont les amples rameaux égalent dans leur diamètre la hauteur de sa pyramide pourtant fort élevée. Sa longévité est prodigieuse et son bois à peu près incorruptible. On le multiplie aussi de graines. Il convient surtout aux grands jardins paysagers, où il faut lui donner une situation propre à mettre en évidence sa beauté.

Pin. On classe les Pins en trois divisions, savoir : Pins à deux feuilles, Pins à trois feuilles et Pins à cinq feuilles. Ces arbres réussissent mieux sur les hauteurs, au nord, sur fond sec de caillou mélangé de terre végétale, que dans les lieux bas, humides, gras et peu aérés. Voici les plus belles variétés de cet arbre pittoresque, fort grand et d'un accroissement rapide : *Pin sauvage* à feuilles d'un vert blanchâtre; *Pin de Genève* à feuilles plus foncées; *Pin d'Ecosse* à feuilles plus longues et à boutons plus rouges; *Pin de Riga* ou *de Russie*, très-grand, à longues feuilles grêles; *Pin de Tartarie*; *Pin Mugho* ou *Pin de montagne*; *Pin de Banks* à feuilles divergentes; *Pin de Briançon*, arbre nain de 2 à 3 mètres (5 à 9 pieds); *Pin de Bordeaux* ou grand Pin maritime, un peu sensible au froid et propre aux coteaux exposés au midi; *petit Pin maritime* ou *Pinson*, arbre moyen; *Pin maritime de Mathiole* plus droit que le grand Pin maritime; *Pin à trochets* dont les cônes sont réunis en bouquets; *Pin de Corse* ou *Laricio* très-grand et fort beau; *Pin Pignon* formant une tête en parasol et produisant des amandes bonnes à manger; *Pin de Romanie* à feuilles larges; *Pin résineux* à cônes ovales; *Pin doux* à feuilles creusées; *Pin de Virginie* d'un tronc peu droit; *Pin d'Alep* ou *de Jérusalem* formant une sorte de buisson; *Pin d'encens*; *Pin rude* à écailles épineuses, et le seul qui produise de nouvelles pousses; *Pin Cembro*; *Pin du lord Wey-*

mouth à écorce argentée et lisse, à feuillage élégant, tous de pleine terre.

Le *Pin austral* ou *de marais*, le *Pin tardif*, le *Pin à longues feuilles* et le *Pin des Canaries* sont d'*Orangerie*.

Tous ces arbres doivent être semés au printemps en terre de bruyère, en terrine, ou sur plates bandes que l'on met à l'abri du froid et du grand soleil. Ils doivent être transplantés en motte, au printemps, sur un fonds ameubli de 3 à 4 décimètres (1 à 2 pieds), et mélangé de terre de bruyère ou au moins sablonneuse.

SAPIN. C'est l'un des plus beaux arbres verts et l'un des plus propres à décorer les jardins paysagers. On en compte plusieurs variétés ; ce sont le *Sapin de Normandie commun* ou *Sapin à feuilles d'If*, à rameaux blancs d'argent ; le *Sapin du Canada* à feuilles d'un vert clair, souffrant la taille ; le *Sapin blanc du Canada* ou *Sapinette blanche* dont le feuillage est bleuâtre et dispersé autour des branches ; le *Sapin Epicea* à feuilles rangées sur deux côtés, (ces deux variétés peuvent se propager de boutures) ; le *Sapin noir* à feuilles placées autour des rameaux, et le *Sapin Baumier* ou *Baumier de Giléad* ne s'élevant qu'à 6 ou 12 mètres (au plus 40 pieds) ; tandis que les précédens montent à 25 mètres (environ 80 pieds).

THUYA ORIENTAL , Thuya du Canada ou Arbre de vie. Ce bel arbre de 15 à 18 mètres (environ 45 pieds) prend une belle forme pyramidale toujours verte, dont les branches très-écartées se divisent en palmes aplaties d'un effet pittoresque. On en connaît une variété *panachée*. Le *Thuya de la Chine* et le *Thuya articulé* méritent aussi d'être cultivés : le premier est plus délicat et plus petit que le Thuya oriental, ses feuilles sont plus vertes et ses rameaux plus rapprochés les uns des autres ; le second , qui est d'*Orangerie* , est moins pittoresque que les précédens.

CHAPITRE XI.

ARBRISSEAUX ET ARBUSTES PROPRES AUX JARDINS PAYSAGERS.

CES plantes sont divisées en deux sections et classées par ordre alphabétique. On trouvera dans la première les *Arbustes et Arbrisseaux à bois droit* , et dans la seconde ceux *qui sont sarmenteux.* Comme dans le chapitre précédent, nous avons adopté ces classifications qui n'ont rien de scientifique, mais qui sont commodes pour la plupart des personnes qui, s'occupant du jardinage, aiment à trouver sur-le-champ les diverses plantes désignées clairement pour l'usage auquel on veut les employer, et suivant l'effet qu'on veut produire.

§ Ier. *Arbustes et Arbrisseaux à bois droit.*

ACACIA de Farnèse. Cet arbrisseau, de 5 mètres de hauteur (15 à 16 pieds), est beau par son port et son feuillage. Il fleurit vers le mois de septembre. Ses fleurs sont petites, mais rouges et odorantes. (*Pleine terre.*)

Acacia à têtes blanches. Il s'élève un peu plus haut que le précédent, fleurit à la même époque, et produit des fleurs d'un blanc rosé dont l'odeur est agréable. (*Serre chaude.*)

La *Sensitive* est aussi un *Acacia* que l'on appelle *Pudique*, parce que ses feuilles très-irritables semblent fuir le toucher. Cet arbuste délicat ne peut s'élever qu'en pot. Ses fleurs sont rouges, mais peu apparentes. (*Serre chaude.*) Il ne faut pas le confondre avec l'*Acacia Sensitive*, qui s'élève de 3 à 4 mètres, et qui produit tout l'été des feuilles pourpres.

AIRELLE, Myrtile ou Moret. Ce petit arbuste ne s'élève qu'à 50 centimètres (18 pouces); il a peu d'effet, quoique ses feuilles soient jolies. Son fruit est noir; il est mangeable, et mûrit dès le mois de juillet. Cette Airelle et ses variétés ont besoin, pour prospérer, d'une terre légère et humide, et même un peu tourbeuse. On recherche l'*Airelle Veinée*, dont les feuilles ont de l'effet, et dont les fleurs, petites à la vérité, sont d'un rose blanc; l'*Airelle Ponctuée*, dont les fruits sont rouges et les feuilles ponctuées de noir par dessous; l'*Airelle en Arbre*, qui a plus de 5 mètres de hauteur (15 pieds); et l'*Airelle du Canada*, dont on peut confire les fruits.

AMANDIER A FLEURS DOUBLES. Ce charmant arbrisseau, dont la multiplication n'est pas difficile, puisqu'il s'écussonne à œil dormant sur l'Amandier commun. Ses fleurs sont rose-pâle, et paraissent en mai, quelquefois aussi en septembre, lorsque l'été a été d'abord pluvieux.

L'*Amandier nain*, ou *de Perse*, ne s'élève guère qu'à 4 ou 5 décimètres (un peu plus d'un pied); il se multiplie de rejetons. Ses fleurs nombreuses sont d'un beau rouge carmin avant d'éclore, puis d'un rose vif après qu'elles sont ouvertes. La variété à fleurs doubles n'est pas préférable. L'*Amandier Argenté*, ou *Satiné*, est beaucoup plus grand que le précédent : il monte à plus de 3 mètres (10 pieds). Le duvet blanc qui tapisse le dessous de ses feuilles leur donne une apparence argentée qui produit un bon effet. Ces Amandiers fleurissent en avril. Terrain meuble et bon.

ANTHILLIS, ou Barbe de Jupiter. Ce joli arbrisseau, de 15 décimètres (4 à 5 pieds), donne dès le mois de mars ses petites fleurs jaunes en bouquet. Ses feuilles persistantes sont revêtues en dessous d'un duvet soyeux argenté qui les rend très-agréables. (*Orangerie.*)

ARBOUSIER, ou Fraisier en arbre. Cet arbrisseau, très-agréable par son port et son beau feuillage persistant, a l'avantage, pendant les hivers, de présenter une verdure gaie, d'une teinte douce et nuancée d'un peu de rouge. Il peut s'élever à 4 mètres (12 pieds), mais ordinairement il ne va guère qu'à 2 ou 3. Ses rameaux sont bruns-rougeâtres. Ses fleurs ont peu d'apparence; mais ses fruits, gros comme une grosse fraise, dont ils ont tout-à-fait la forme et même la couleur, ainsi que l'apparence, produisent un bon effet à la fin de l'automne et jusque dans l'hiver. On peut les manger, mais ils sont fades. L'Arbousier vient en pleine terre, pourvu que le terrain soit substantiel, et qu'on l'abrite un peu pendant les fortes gelées. Il n'aime pas non plus l'exposition trop chaude du midi. Ses variétés sont agréables aussi, mais la culture en est plus difficile.

ARGOUSIER, ou Hippophaé, ou Rhamnoïde. Arbrisseau d'un port et d'un feuillage peu agréables : sa feuille est petite et pâle; son écorce est brune-grisâtre; ses rameaux peu garnis sont hérissés d'épines; ses fleurs sont insignifiantes. Il n'est guère bon que pour garnir les haies, ou pour faire ressortir par son voisinage les autres arbrisseaux. Il ne s'élève qu'à 2 mètres (6 pieds environ). *L'Argousier du Canada* ne produit guère plus d'effet, quoique ses feuilles soient moins étroites.

ARMOISE AURONNE, ou Citronelle. Ce petit arbuste tire son dernier nom de son odeur d'écorce de citron. Il n'a pas plus de 50 centimètres à un mètre de hauteur (18 pouces à 3 pieds). La terre qui lui convient le mieux est celle qui est à la fois légère et substantielle, exposée au beau soleil. Son feuillage est agréable, mais effilé, et les rameaux toujours un peu dégarnis.

L'Armoise en arbre s'élève un peu plus; ses fleurs sont plus apparentes et son feuillage plus blanchâtre.

Aucuba; Aucuba du Japon. Joli petit arbrisseau rameux, dont les feuilles maculées de vert et de jaune sont d'un bel effet. Ces feuilles persistantes ont la forme de celles du Laurier-cerise. Il ne s'élève que de 50 centimètres à 130 (de 18 pouces à 4 pieds), et préfère à toute autre terre celle qui est légère, mais substantielle, fraîche, mais non humide. On le multiplie, soit par boutures, soit par marcottes que l'on fait en avril ou au commencement de mai, pour qu'elles aient le temps de s'enraciner pendant la belle saison.

Azalée Nudiflore. Cet arbrisseau qui donne au mois de mai ses jolies fleurs odorantes un peu semblables à celle du chevrefeuille, s'élève de 130 centimètres à 180 (4 à 5 pieds) et forme un buisson agréable. Il offre plusieurs variétés qui tirent leur nom de la couleur de leurs fleurs, savoir : *Azalée Bicolore*, rouge et blanche ; *l'Azalée Blanche* ; *l'Azalée Carnée* ; *l'Azalée Ecarlate* ; *l'Azalée Eclatante*, dont le tube fleuri est rouge vif, le calice brun, et les boutons gris ; *l'Azalée Papilionacée*, dont les fleurs rouges ont la division inférieure du calice foliacée.

L'Azalée Visqueuse offre en juin ses fleurs très-odorantes qui sont un peu gluantes. On en cultive plusieurs jolies variétés, telles que *l'Azalée cotonneuse*; *l'Azalée couchée*; *l'Azalée glauque*; *l'Azalée luisante*; *l'Azalée multiflore*; *l'Azalée pourprée*; *l'Azalée tardive*.

L'Azalée pontique, un peu plus haute que les précédentes, donne en mai et en juin ses jolies fleurs jaunes, odorantes et disposées en bouquets.

L'Azalée safranée est remarquable par l'ampleur de ses fleurs de couleur de safran.

AZÉDARACH Bipinné, Arbre à Chapelet, Arbre Saint ; Faux Sycomore. Cet arbre, car, quoiqu'il ne s'élève chez nous qu'à 2 mètres (7 pieds), parvient dans l'Inde à 20 mètres (plus de 60 pieds), cet arbre a un joli feuillage dans le genre de celui du frêne, et produit des fleurs d'une odeur très-suave, disposées en groupes blanc, bleuâtre, violet. On le multiplie de graines au printemps, semées en pot ou sur couches ; le jeune plant fleurit dès sa quatrième ou cinquième année. Terreau mélangé d'un tiers de terre franche.

L'Azédarach toujours vert, ou Lilas des Indes, ou Margousier, plus petit de deux tiers que le précédent, a sur lui l'avantage d'avoir des feuilles persistantes et des fleurs plus belles et plus durables. (tous deux d'*Orangerie*).

BACCHANTE DE VIRGINIE, ou Seneçon en arbre. Cet arbrisseau de 5 à 4 mètres (9 à 12 pieds) n'a que des rameaux grêles, mais ils sont nombreux et ses feuilles sont persistantes; ses fleurs blanches en corymbes terminaux ont des écailles brun-pourpre, et paraissent en octobre.

La *Bacchante à feuilles de Laurose* est d'un tiers plus petite que la précédente; elle fleurit de la fin d'août au commencement de novembre.

On multiplie ces Bacchantes de marcottes ou de boutures : terre légère et un peu humide (*Orangerie.*)

Baguenaudier, ou Faux Séné. Cet arbrisseau forme un joli buisson de 2 à 3 mètres (6 à 10 pieds). Ses fleurs forment de jolis groupes jaunes avec quelques petites raies rouges, auxquelles succèdent des vessies verdâtres ou rougeâtres suivant la variété, qui contiennent les graines. Il pousse bien, pourvu que la terre soit meuble et un peu subtsantielle. Ses graines lèvent très-facilement.

Le Baguenaudier d'Alep est plus petit.

Bruyère. Ce joli arbuste offre de nombreuses variétés qui conservent long-temps leurs fleurs dans toute leur beauté. Quelques variétés ont des fleurs rouges, d'autres en pré-

sentent de roses, de pourpres, de grises, etc.
ces variétés montent à près de deux cents,
presque toutes très-jolies, et que l'on multiplie de graine, ou de boutures, ou de marcottes. Elles veulent une terre légère et sablonneuse un peu grasse, en un mot, la terre de
bruyère qui est un composé de sable, de feuilles devenues terreau, et d'humus ou terre végétale par excellence. Les variétés qu'il faut
préférer sont la *Bruyère bicolore en coupe*, la
Bruyère à godets roses, la *Bruyère vernissée*
à fleurs jaunes, la *Bruyère bacciforme* à pédoncules roses, la *Bruyère à tiges nombreuses*,
la *Bruyère malléolaire*, la *Bruyère à fleurs
pressées*, la *Bruyère lambertienne* à globules
blancs sur calice rouge carmin, la *Bruyère
pyramidale*, la *Bruyère agréable* tant la jaune
que la rouge, la *Bruyère de Séba* soit rouge,
soit écarlate, soit jaune orangé; la *Bruyère
folliculaire* à fleurs jaunes; la *Bruyère cendrée*
à fleurs doubles; la *Bruyère superbe*, brune-
rouge; la *Bruyère vermicolore* à corolle éclatante; la *Bruyère grandiflore*, d'un beau
rouge; la *Bruyère à fleurs radiées* rouge-
pourpre; la *Bruyère Primuloïde*; la *Bruyère en
robe*, etc.

Buplèvre ou Oreille de Lièvre. C'est un
arbrisseau d'un mètre et demi (4 à 5 pieds),
à feuilles persistantes et dont les fleurs jaunes,

disposées en ombelles, paraissent de juin à août. Il convient de l'établir dans une terre légère et fraîche, même humide. On le multiplie de marcottes et de semences.

CAFÉYER ou Cafier. Nous ne parlons ici de cet arbuste d'une si haute importance, que parce que, susceptible d'être cultivé dans nos serres, il y donne ses jolies fleurs blanches et odorantes, et ses fruits à enveloppe rouge comme des cerises. Il est toujours vert, il s'élève à 150 centimètres (4 à 5 pieds tout au plus), et dans les pays chauds où il vient en pleine terre, il monte à 5 mètres (15 pieds). Terreau mélangé de terre franche et bien amendé. Arrosemens fréquens en été. (*Serre*).

CAMELÉE A TROIS COQUES. C'est la plus jolie variété de cet arbuste qui s'élève à 1 mètre (3 pieds), donne un buisson agréable, se couvre de fleurs pendant tout l'été et produit un fruit rouge, composé de trois lobes arrondis qui forment trois baies. Il ne craint les gelées que lorsqu'il est jeune; il lui faut une terre légère et pierreuse en même temps que fraîche. On le propage de graines et de boutures.

CAMELLIA, Camellier du Japon, Rose du Japon. Cet arbrisseau toujours vert monte à 5 mètres (15 pieds); il forme un buisson élégant et se couvre de jolies fleurs rouges depuis la fin de février jusqu'au mois de mai. On donne au Camellia une terre légère, mélangée avec de la terre franche et de la terre de bruyère. Il se propage de semis, de marcottes qui emploient deux ans à faire leurs racines, et de boutures qu'on pique sous châssis.

Il offre plusieurs belles variétés, telles que le *Camellia à fleurs pourpres; à fleurs rouges très-doubles; à fleurs doubles, rouges, panachées de blanc; à fleurs rose-tendre;* le *Camellia Pompon blanc* et *rouge;* le *Camellia à fleurs de Pivoine,* rose-pâle, couleur de chair; le *Camellia à fleurs de myrte* dont les fleurs sont d'un beau rouge; le *Camellia buffe* ou *incarnat,* et le *Camellia à fleurs d'anémone,* d'un rouge vif. (*Orangerie*).

CÉANOTHE. Cet arbuste ne s'élève guère que de 1 mètre à 1 mètre 50 centimètres (3 à 4 pieds). Le *Céanothe d'Amérique* est le seul qui prospère en pleine terre. Le *Céanothe d'Afrique* exige l'Orangerie. Ses fleurs blanches, petites à la vérité, mais multipliées et formant de jolies grappes, ont de l'élégance. Il faut l'exposer à un soleil peu vif et à l'abri du nord. Il réclame une terre légère et substantielle. On le multiplie de graines ou de marcottes.

CHAMÉCERISIER. Cet arbrisseau ne s'élève guère au-dessus de 2 à 3 mètres (6 à 9 pieds), et forme un joli buisson ou une tête agréable. Il produit un bon effet par son feuillage, ses fleurs qui ressemblent un peu à celles du chevrefeuille, et par ses petits fruits rouges en forme de cerises. On recherche les variétés suivantes : le *Chamécerisier de Tartarie* ou *Cerisier nain à fleurs roses* en dehors, qui paraissent en avril, et à fruits d'un beau rouge : il en existe une variété à *fleurs blanches*; le *Chamécerisier des Pyrénées* à fleurs couleur de chair, qui fleurit en mai; le *Chamécerisier de la Caroline* ou *Symphoricarpos* dont la floraison a lieu en août, et le *Chamécerisier Xylostéon* qui forme un buisson très-rameux et donne ses fleurs jaunes très-pâles dans le courant de mai.

On propage les Chamécerisiers de drageons, de marcottes et de graines. Le terrain qui leur convient le mieux est celui qui est frais, léger et gras.

CHÈVREFEUILLE. Ce joli arbuste sarmenteux est d'un beau feuillage et d'une fleur agréable en même temps qu'elle exhale une odeur très-suave. On en cultive en pleine terre plusieurs variétés dont la plus éclatante n'a pas d'odeur : c'est le *Chèvrefeuille d'Italie* ou *Chèvrefeuille Romain*, à fleurs rouges et prenant par là toute la forme d'une boule ou d'une coupe. Les autres variétés sont le *Chèvrefeuille toujours vert* ; le *Chèvrefeuille commun* ; le *Chèvrefeuille Glauque* ; le *Chèvrefeuille à feuilles de Chêne* ; le *Chèvrefeuille toujours vert de Virginie*, et le *Chèvrefeuille de Minorque*.

Ces arbustes sont d'une culture facile. Ils ne sont pas difficiles sur le choix du terrain, ni sur l'exposition. On les peut multiplier de graines ; mais il est plus expéditif de les propager en couchant les branches que l'on fixe à terre par un crochet de bois, et que l'on recouvre d'un peu de bonne terre en septembre. Les Chèvrefeuilles reprennent très-bien aussi de boutures mises en terreau et sur couche dans le mois de mars.

On cultive encore, mais ils sont d'*Orangerie*, le Chèvrefeuille du Japon à fleurs jaune-doré, à odeur de fleurs d'Oranger, et le Chèvrefeuille de la Caroline, également à fleurs jaunes. Ils fleurissent en juin.

CHIONANTHE DE VIRGINIE, ou Arbre de Neige. C'est un arbrisseau de près de trois mètres (8 à 9 pieds), qui forme un joli buisson et se couvre au mois de juin de fleurs d'un beau blanc. Il craint le grand soleil et recherche un terrain frais, même un peu humide. On peut le greffer sur le Frêne, ou le multiplier de graines en terreau sur couche qui sont quelquefois un an à lever. Quant aux marcottes qu'on en peut faire, il leur faut jusqu'à deux ans avant qu'elles aient formé des racines.

CISTE. Cet arbrisseau d'*Orangerie*, qui s'élève d'un mètre à un mètre et demi (3 à 5 pieds), fleurit en juillet et présente plusieurs jolies variétés; savoir : le *Ciste Ladanifère*; le *Ciste à feuilles de Laurier*; le *Ciste à feuilles de Peuplier*, dont les fleurs sont blanches; et le *Ciste pourpre* à fleurs d'un beau rouge tachetées de pourpre brun à leur base; le *Ciste à feuilles de Consoude*, à grandes fleurs rouge-pâle; et le *Ciste à feuilles d'Halime*, dont les fleurs jaune-doré sont aussi tachées de pourpre.

CLÉRODENDRON. Cet arbuste toujours vert ne monte qu'à un mètre (3 pieds). Ses jolies fleurs blanc pur à base de carmin paraissent au printemps et en automne. Il prospère dans les terrains exposés au midi, qui sont légers et substantiels. On le propage de semences, de boutures et de drageons. Dans l'hiver, il faut le mettre en *serre* chaude.

CORCHORUS ou Corète du Japon. Cet arbuste qui monte d'un à deux mètres (3 à 6 pieds), vient bien et se multiplie de drageons en pleine terre où il donne de février en juin de jolies fleurs doubles de couleur jaune orangé qui reparaissént quelquefois en automne.

Cornouiller. On distingue de cet arbrisseau plusieurs variétés qui buissonnent agréablement. Telles sont : le *Cornouiller sanguin*, dont l'écorce est d'un rouge vif; le *Cornouiller mâle*, dont il existe une variété à feuilles panachées, ainsi que du *Cornouiller blanc à fruits blancs*; le *Cornouiller à fruits bleus*; le *Cornouiller à feuilles alternes*; le *Cornouiller à grandes fleurs jaunes*; et le *Cornouiller du Canada* à fleurs roses.

Crotalaire en Arbre. Cet arbrisseau dont la hauteur est d'un à deux mètres (3 à 6 pieds), donne de juillet en octobre des fleurs jaunes en grappes fort belles. (*Serre.*) Il en est de même de la *Crotalaire à fleurs pourpre*; de la *Crotalaire élégante* à fleurs roses, et de la *Crotalaire toujours fleurie*, dont les fleurs sont jaunes.

Fuchsie où **Fuchsia.** Ce joli arbuste d'*Orangerie* conserve ses feuilles un peu violettes pendant l'hiver. En été, il se couvre de belles fleurs carmin et violet qui pendent avec grâce et auxquelles succèdent de petits fruits longs et d'un violet noirâtre. On le multiplie de boutures, de drageons enracinés et de graines.

GENET. Des diverses variétés de cet arbuste, on préfère le *Genet à balais* qui s'élève à 3 mètres (15 pieds), et se couvre au printemps de belles fleurs jaune vif; et surtout le *Genet d'Espagne* qui monte un peu moins haut, mais dont les fleurs odorantes sont aussi belles que celles du précédent, mais se renouvellent jusqu'aux gelées et parfument au loin les jardins où on le cultive. Il faut en rafraîchir le bois tous les deux ans, afin qu'il conserve un port agréable. C'est un des plus agréables arbustes. On le multiplie de ses graines qui lèvent facilement dans le terreau. Quand on transplante le Genet d'Espagne, il faut qu'il soit très-jeune et que ses racines pivotantes soient conservées dans toute leur intégrité.

HÉLIOTROPE DU PÉROU. Cet arbuste, dont les fleurs peu apparentes ont une odeur délicieuse, s'élève à la hauteur d'environ 1 mètre (3 pieds), et prend la forme pyramidale lorsqu'il provient de graines. Comme on le multiplie plus facilement et plus promptement par les boutures, on a plus souvent recours à ce dernier moyen. On lui donne une terre légère et franche et des arrosemens fréquens. Il faut le retirer dans la *Serre* pour

le préserver de la gelée qui fait périr ses rameaux et quelquefois même les racines. L'*Héliotrope à grandes fleurs* est une variété du
précédent, mais qui ne le vaut pas pour l'odeur, quoiqu'il en exhale une agréable. Il
fleurit toute l'année en Serre.

HORTENSIA. Ce bel arbuste, qui s'élève à
1 mètre environ (3 pieds), conserve, lorsqu'elles ne gèlent pas, toutes ses feuilles
pendant l'hiver à l'approche duquel elles
prennent une teinte rougeâtre. Il se couvre
pendant l'été de belles et grosses boules trèsélégantes, de couleur de chair un peu vif et
qui ont une longue durée. Ces fleurs prennent
quelquefois la teinte rouge et même bleue,
si la terre où elles sont élevées contient de
l'ocre. L'arbuste aime la terre de bruyère ou
du moins une terre légère et substantielle ; il
exige beaucoup d'arrosemens ; il se multiplie
de rejetons enracinés et même de boutures.
On peut lorsqu'on l'élève en pleine terre l'y
laisser pendant l'hiver qui, à moins d'une
grande rigueur, ne le détruit pas. L'Hortensia
est l'un des principaux ornemens des parterres, et, si ses fleurs étaient odorantes, il
réunirait tous les avantages.

INDIGOTIER. On cultive dans la serre tempérée trois variétés de cet arbuste très-joli :

l'*Indigotier austral* dont les fleurs sont roses et odorantes, l'*Indigotier jonciforme* à fleurs purpurines, et l'*Indigotier à longs épis* dont les fleurs roses sont plus grandes que celles des variétés précédentes. Ces arbustes ne s'élèvent tout au plus qu'à la hauteur d'un mètre (3 pieds); le premier même est beaucoup plus petit. On les multiplie de boutures.

Ixora écarlate. Cet arbuste très-rameux et fort agréable donne au milieu de l'été ses jolies fleurs qui ressemblent à celles du Phlox, et auxquelles succèdent des fruits noirs. Sa hauteur est d'environ 1 mètre (3 pieds). L'*Ixora de l'Inde*, plus petit de deux tiers, produit des fleurs jaunes jusqu'en automne. Tous deux gardent leur feuillage pendant l'hiver, se multiplient de marcottes, de boutures ou de rejetons, et veulent la *Serre* chaude.

Kalmier a larges feuilles. Cet arbrisseau ne s'élève guère qu'à 2 mètres (6 à 7 pieds) et forme un beau buisson qui, dans le courant de juin, se couvre de jolies fleurs couleur de chair. Il préfère l'exposition du sud-est à toute autre; il exige la terre de bruyère et un peu d'abri. La meilleure méthode pour le propager est le semis sur couche. A trois ou quatre ans, il peut supporter la pleine terre.

On recherche encore parmi ses variétés le *Kalmier à feuilles étroites* dont les fleurs sont petites, et le *Kalmier glauque* qui fleurit en mai.

KETMIE DES JARDINS ou Althéa. Formant un large buisson peu garni, cet arbrisseau n'a pas plus de 2 mètres (6 pieds) de hauteur, et fleurit en août et en septembre. Ses fleurs ressemblent aux passeroses ou roses tremières. Une bonne terre un peu ameublie et profonde et l'exposition au midi conviennent aux Ketmies, qui offrent plusieurs variétés agréables par leurs fleurs, les unes simples, les autres doubles et de diverses couleurs, quelques-unes *panachées*, *rouges*, *violettes*, *blanches*, etc. Il est encore d'autres Ketmies, mais qui ne peuvent supporter la pleine terre pendant l'hiver : ce sont le *Ketmie musqué* à fleurs de couleur de soufre, le *Ketmie de la Chine* à fleurs doubles de couleur aurore, etc.

LAURÉOLE. On cultive plusieurs variétés de cet arbuste élégant, dont le commun, haut d'un mètre au plus (2 à 3 pieds), est remarquable par la beauté de son feuillage qui ressemble au Laurier-Cerise. Le *Lauréole Mézéréon*, Bois gentil ou Bois joli, se couvre souvent dès février d'une grande quantité de jolies fleurs, soit roses, soit blanches, aux-

quelles succèdent des fruits nombreux ou
rouges ou jaunes, vers la fin de l'été. Le *Lauréole cneorum* ou *Thymélée des Alpes*, produit des fleurs roses, ou blanches, ou panachées, au printemps et souvent même en automne. On recherche encore le *Lauréole de
la Chine* à fleurs soit rouges, soit blanches!

LAURIER-ROSE COMMUN. Cet arbrisseau charmant, à feuilles persistantes, à belles fleurs
roses, exige l'Orangerie et se multiplie soit de
marcottes, soit de rejetons. Il offre plusieurs
variétés *à fleurs blanches*, *à fleurs panachées*,
etc.; mais la plus belle est celle qui produit
des fleurs très-pleines, larges comme une
rose, et exhalant l'odeur de la Vanille. Ces
arbrisseaux veulent une terre légère, et pendant l'été des arrosemens fréquens.

LILAS. Le commun fournit un arbre de 5
à 7 mètres (15 à 20 pieds), dont les belles
fleurs, d'un violet pâle, paraissent en mai et
exhalent une agréable odeur. Il existe des
variétés *à fleurs blanches*, *à fleurs violet-
pourpre*, *à feuilles panachées*, etc. Le *Lilas
de Marli* est plus petit, mais ses fleurs sont
plus amples; le *Lilas de Perse* est aussi très-
agréable, ainsi que le *Lilas Varin* dont les
fleurs sont plus grandes et d'une couleur plus
vive. On propage tous les Lilas par les rejetons
et par le semis.

Mélaleuca. Cet arbrisseau et ses variétés exigent l'*Orangerie*, la terre de bruyère mélangée d'un tiers de terre-franche, le rempotement annuel, un air souvent renouvelé, et de fréquens arrosemens pendant l'été. On le multiplie de semences et mieux encore de boutures. Le *Mélaleuca à feuilles de Mille-pertuis* s'élève de 5 à 5 mètres (9 à 15 pieds) et donne ses jolies fleurs rouges en forme de goupillon ; le *Mélaleuca couronné*, haut de 5 décimètres (près de 2 pieds), donne des fleurs violet-pourpre ; le *Mélaleuca Armillaire*, petit aussi, à fleurs rose-pourpre ; le *Mélaleuca noueux*, de 2 à 3 mètres (6 à 9 pieds), à fleurs blanches ; et le *Mélaleuca éclatant*, remarquable par la beauté de ses fleurs très-brillantes.

Métrosidéros. Comme les Mélaleuca, ces arbrisseaux ont des feuilles odorantes et persistantes. On en connaît plusieurs variétés : telles que le *Métrosidéros à odeur de Citron*, et le *Métrosidéros en panache*, tous deux à fleurs rouges en goupillon qui paraissent en juillet ; le *Métrosidéros anomal* à fleurs jaunes et blanches ; le *Métrosidéros à feuilles de Saule*, à petites fleurs rougeâtres, etc. La culture est la même que celle des Mélaleuca.

Morelle. Les diverses variétés de cet arbrisseau d'un à deux mètres tout au plus (3 à 6 pieds), veulent un terrain léger et frais, substantiel, peu humide pendant l'hiver, et une exposition chaude. Voici ses variétés : l'*Amomum*, *Cerisette* ou *Faux - Piment*, à fleurs blanches pendant l'été auxquelles succèdent des fruits rouges ou jaunes, ronds et lisses comme des Cerises ; le *Faux-Lyciet*, qui produit d'avril en juin de jolies fleurs blanches ; la *Douce-Amère*, ou *Vigne de Judée*, sarmenteuse, à fleurs violettes qui produisent des baies rouges ; la *Morelle de Buénos-Ayres*, à belles fleurs blanches et à fruits jaunes ; et la *Morelle à feuilles de Chêne* à fleurs violettes dont les anthères sont jaune-doré.

Myrte. Cet arbuste élégant et odorant, dont les jolies feuilles persistantes sont luisantes, exige l'Orangerie pendant l'hiver. On en connaît plusieurs variétés, telles que le *Myrte romain à grandes feuilles*, le *Myrte romain à petites feuilles ;* le *Myrte à fleurs doubles blanches ;* le *Myrte panaché ;* le *Myrte de Tarente ;* le *Myrte à feuilles d'Oranger ;* le *Myrte cotonneux à fleurs roses*, et le *Myrte-Piment* ou *Tout-Epice*, le plus grand de tous, à fleurs blanches et dont les baies sont le Piment de la Jamaïque. Ces deux dernières variétés exigent la Serre, et ne se propagent que par les boutures ou les marcottes, tandis que les autres peuvent aussi se multiplier par leurs graines et leurs rejetons.

PIVOINE EN ARBRE. Cet arbuste ne s'élève qu'à un mètre et demi (4 à 5 pieds); ses feuilles sont grandes et belles; ses fleurs qui paraissent en avril et en mai sont amples, d'un beau rose, et se conservent long-temps si l'on tient l'arbuste à l'ombre. On recherche la variété à fleurs doubles rose-pourpre qui exhalent l'odeur d'essence de roses. *Serre* ou au moins *Orangerie*.

PLATYLOBIER ÉLÉGANT. Cet arbrisseau ne s'élève guère qu'à un mètre (3 à 4 pieds); ses feuilles sont persistantes; ses fleurs, qui paraissent en juin, sont grandes et de couleur jaune-orangé avec taches rouge-carmin. On cultive encore les deux variétés suivantes: le *Platylobier à feuilles lancéolées*, à fleurs d'un beau jaune; et le *Platylobier scolopendre*, dont les branches ailées sont fort singulières et les fleurs jaunes tachées de carmin. (*Orangerie*).

POLYGALA à feuilles de buis. Cet arbuste fort petit donne de mai à octobre de grandes fleurs jaunes. On estime encore les variétés suivantes : *Polygala à feuilles opposées* haut d'un mètre (3 pieds) à fleurs rouges; *Polygala à feuilles lancéolées*, à fleurs pourpres dont l'intérieur est violet; *Polygala à feuilles de bruyère*; *Polygala à bractées*, dont les fleurs sont pourpres; *Polygala de Virginie* à fleurs blanchâtres. Le *Polygala belles fleurs*, qui sont de couleur violet pourpre, et le *Polygala à feuilles de myrte*, à fleurs violettes, sont d'*Orangerie*.

POMPADOURA, ou Calycanthe. Cet arbrisseau qui ne s'élève guère qu'à 2 mètres (6 pieds), forme un joli buisson d'un vert pâle et dont le bois est odorant. Ses fleurs sont d'un brun rougeâtre et paraissent en mai. L'odeur en est agréable et rappelle celle du melon et de la pomme de reinette. Terre légère, fraîche et substantielle. On multiplie le Calycanthe par rejetons et par marcottes. On en connaît deux variétés : le *Pompadoura Nain*, qui est un peu plus petit que la grande espèce, et le *Pompadoura fertile* dont les fleurs sont plus grandes et plus belles.

RHODODENDRON. Toujours vert et produisant de jolies fleurs, cet arbrisseau s'élève au plus à 2 mètres (5 à 6 pieds). Il n'exige que peu de soleil; il aime les lieux humides et gras. Ses grandes et belles fleurs, soit blanches, soit roses, soit rouges, selon la variété à laquelle il appartient, paraissent en juin et en juillet. On cultive encore les variétés suivantes : le *Rhododendron pontique* à fleurs violettes, un peu plus grand que le précédent et fleurissant en mai ; le *Rhododendron ferrugineux ou petit laurier rose des Alpes*, ne s'élèvant guère qu'à 5 décimètres (1 à 2 pieds), et donnant en juin ses fleurs rouges ou roses ; le *Rhododendron velu*, plus petit encore, produisant pendant l'été ses jolies fleurs rouges et ponctuées de blanc à l'extérieur ; le *Rhododendron à fleurs jaunes* ; le *Rhododendron à petites feuilles*, très-petit, charmant et se couvrant en juin de jolies fleurs rouges avec étamines blanches et anthères de couleur de pourpre ; le *Rhododendron du Caucase* à fleurs blanches ; le *Rhododendron de Catesby*, produisant en mai ses fleurs roses, plus belles et plus grandes que celles des autres variétés.

Rosier. On connaît maintenant, de ce charmant arbuste, plusieurs centaines de variétés dont le nombre s'accroîtra encore par le semis. Les rosiers se multiplient en outre, et sans variation, par rejetons, et par greffe en écusson. Les terres qui leur conviennent le mieux sont celles qui sont substantielles, légères, profondes, et fraîches sans humidité. Parmi les variétés du rosier, on peut choisir les suivantes qui sont à fleurs rouges : le *Rosier de mai* à odeur de canelle ; le *Rosier à feuilles de pimprenelle*, simple ; le *Rosier de Provins* dont il existe plusieurs sous-variétés, à fleurs de couleurs soit rose, soit pourpre, soit violette, soit velouté ; le *Rosier des Alpes sans épines* ; le *Rosier pompon* ; le *Rosier de Damas ou des quatre saisons* ; le *Rosier de deux saisons* dont les fleurs forment des bouquets ; le *Rosier multiflore*, qui ne réussit bien qu'à l'abri du grand froid ; le *Rosier de Bengale* qui fleurit toute l'année, mais qui est inodore, et qui se multiplie de boutures ou de greffes ; et surtout *la Rose cent-feuilles*, la plus belles de toutes, et dont il existe plusieurs charmantes sous-variétés connues sous les noms de *Rose mousseuse*, de *Rose Vilmorin*, *Rose à cent-feuilles des peintres*, *Rose de Bourgogne à grandes fleurs*, *Rose Kingston*, *Rose Constance*, etc.

Les principaux rosiers à fleurs blanches sont le *Rosier à feuilles de pimprenelle* ; le *Rosier blanc à fleurs doubles*, plus ou moins rosé, ou *cuisse de nymphe*, dont il existe plusieurs belles sous-variétés ; le *Rosier Noisette*, le *Rosier mousseux*, le *Rosier unique* dont les boutons sont tachetés de rouge à l'extérieur.

Parmi les variétés du Rosier, il faut citer le *Rosier jaune* dont les fleurs sont inodores, ainsi que celles du *Rosier capucine* ; le *Rosier jaune soufre* ; le *Rosier double jaune* qui ne fleurit qu'à l'abri des pluies et du grand soleil ; le *Rosier pourpre* simple, à étamines dorées d'un bel effet ; le *Rosier panaché* de rouge et de blanc, etc.

RUELLIE. Arbuste toujours vert et très-agréable ; il offre plusieurs variétés curieuses parmi lesquelles on distingue les suivantes : *Ruellie à fleurs bleues* qui paraissent en mai et se changent en couleur de pourpre ; *Ruellie à fleurs blanches* qui éclosent en août, et *Ruellie éclatante* à fleurs rouge-carmin qui durent tout l'été. Les Ruellies se multiplient de boutures, aiment la terre franche et ne prospèrent qu'en *Serre chaude*.

SAUGE. Nous avons déjà parlé de la Sauge dans le neuvième paragraphe de notre troisième chapitre. C'est un arbuste plus utile qu'agréable, à fleurs bleues en épi, fort odorantes. Il présente quelques variétés, telles que la *Sauge de Crète* à fleurs rouges ; la *Sauge cardinale* à grandes fleurs écarlates ; la *Sauge élégante* de même couleur ; la *Sauge citronnée* à fleurs bleues et à feuilles exhalant l'odeur du citron ; la *Sauge d'Afrique* beaucoup plus grande et à fleurs violettes, etc.

Spirée. Il existe plusieurs variétés toutes fort jolies de cet élégant arbrisseau buissonneux, savoir : la *Spirée à feuilles de Millepertuis*, à fleurs blanches disposées le long des rameaux et qui paraissent vers la fin d'avril ; la *Spirée cotonneuse* à fleurs roses, en août ; la *Spirée à feuilles de chamédris*, et la *Spirée* à feuilles lisses, toutes deux à fleurs blanches, en avril ; la *Spirée à feuilles crénelées*, à fleurs blanches, en mai ; la *Spirée à feuilles d'orme*, la *Spirée à feuilles d'obier*, et la *Spirée à feuilles de sorbier* donnant en juin leurs fleurs de couleur blanche ; enfin la *Spirée à feuilles de saule* dont les fleurs soit blanches, soit couleur de chair, paraissent à la fin de juin et en juillet. Toutes les Spirées se propagent facilement de marcottes et de rejetons.

Sumac. Cet arbrisseau, dont le bois est cassant et assez mal disposé, est toutefois recherché à cause de son feuillage qui devient rouge en automne, et de ses belles aigrettes amarante-pourpre ou rouge sang de bœuf. Il se multiplie de graines et surtout de drageons. On distingue le *Sumac de Virginie* ou *Sumac amarante*, plus beau et plus facile à multiplier, et dont il existe une variété *à feuilles panachées* ; le *Sumac du Canada* ; le *Sumac à feuilles d'orme* ; le *Sumac glabre* ou *Vinai-*

grier dont les panicules d'abord jaunes deviennent d'un beau rouge ; le *Sumac fustet*, etc.

SYRINGA odorant. Montant à 3 mètres au plus (8 ou 9 pieds), il forme un buisson peu agréable ; mais ses fleurs jaune soufre pâle exhalent une odeur très-suave quoique un peu forte ; elles paraissent en juin. Il en existe une variété *à feuilles panachées*, une autre *à fleurs inodores*, etc.

TAMARISC. Les feuilles de cet arbuste sont effilées comme celles du cyprès ; ses rameaux grêles s'élancent avec assez de grâce. Il est exposé dans les hivers rigoureux à périr jusqu'au niveau du sol ; mais les racines repoussent de nouveaux jets au printemps. Le *Tamarisc d'Allemagne* un peu plus petit, (s'élevant seulement à 2 mètres ou 6 pieds), est plus robuste que le précédent, et il donne des fleurs pourpres plus apparentes.

VIORNE. Plusieurs variétés de cet arbrisseau sont recherchées, entre autres la *Viorne-Laurier-Tin*, toujours verte, formant un buisson de 2 à 3 mètres (6 à 8 pieds), donnant en février, mars et avril, de jolies fleurs blanches dont le dessous est rosé. On doit la placer à l'abri dans un terrain frais et gras, mais non humide. Voici quelques autres

Viornes qui ne sont pas à dédaigner et qui sont plus robustes que le Laurier - Tin : *Viorne commune*, ou *Mancienne*, ou *Coudre*, qui produit en juin des ombelles blanches, et en automne des fruits rouges d'abord, puis noirâtres ; la *Viorne à manchettes* ; la *Viorne à feuilles de Prunier* ; la *Viorne-Obier* ou *Sureau d'eau* à ombelles blanc-soufre et à fruits rouges, dont la plus belle, connue sous les noms de *Boule de neige*, d'*Obier à fleurs doubles*, de *Rose de Gueldre*, etc., est fort remarquée au printemps par ses belles boules blanches.

Yucca nain. Quoique cet arbrisseau, toujours vert, ne s'élève qu'à un mètre au plus (3 pieds), il donne en juillet et août une immense quantité de jolies fleurs blanches en forme de Tulipes renversées et qui forment une belle pyramide. On donne à l'Yucca une bonne exposition et un terrain léger à l'abri des vents du nord et de l'est. Il se propage par le semis et par les drageons enracinés. Les variétés suivantes sont fort agréables : l'*Yucca à feuilles d'Aloès* qui monte à 3 mètres (9 pieds), donne des fleurs blanc - rose, et a besoin de l'*Orangerie*, ainsi que le suivant ; l'*Yucca filamenteux* à fleurs blanc-verdâtre, plus grandes que celles des variétés précédentes.

§ II. *Arbustes et Arbrisseaux sarmenteux.*

ARISTOLOCHE Siphon. Cet arbrisseau sarmenteux pousse des tiges de 10 mètres (30 pieds), qui conviennent bien pour tapisser les salles de verdure et les berceaux , à cause de la beauté et de l'ampleur de ses feuilles. Il produit à la fin de mai des fleurs nombreuses d'un brun pourpre , et recherche le soleil et les terres franches légères et substantielles. L'*Aristoloche à feuilles trilobées*, et l'*Aristoloche cotonneuse* sont d'une culture plus difficile : il faut à la première la *Serre*, et à la seconde l'*Orangerie*.

CÉLASTRE. Le *Célastre de Virginie* est un arbrisseau sarmenteux et toujours vert qui ne s'élève pas au-delà d'un mètre 50 centimètres (4 à 5 pieds). Ses fleurs sont blanches et paraissent en juin. Son fruit est d'un beau rouge. (*Orangerie.*)

Le *Célastre du Canada*, ou *Bourreau des Arbres*, monte jusqu'à 4 mètres (plus de 12 pieds). Il fait des salles de verdure, et s'entortille autour des branches qu'on met à sa disposition. Il est dangereux pour les arbres qu'il étouffe. Ses fleurs ont peu d'apparence , mais ses fruits rouges produisent un bon effet. Il n'est pas délicat sur le choix du terrain, pourvu qu'il soit frais. On le multiplie, comme le précédent, de graines ou de marcottes qui s'enracinent lentement.

Il existe encore plusieurs autres variétés du Célastre, tels que le *Célastre paniculé*, le *Célastre à feuilles de buis*, le *Célastre comestible* ou *d'Arabie*; le *Célastre multiflore* et le *Célastre luisant* : ils sont d'*Orangerie*.

CLÉMATITE. On connaît plusieurs variétés toutes agréables de cet arbuste sarmenteux, propre pour les tonnelles et les bosquets. Elles viennent en pleine terre sans autres soins que de leur donner un peu de bon terrain pour les faire reprendre. On recherche surtout la *Clématite à fleurs bleues* de 3 à 4 mètres (9 à 12 pieds), dont les fleurs nombreuses paraissent de juin à septembre; la *Clématite odorante*, à fleurs blanches en juillet et août ; la *Clématite de Virginie* qui fleurit de juin en août et donne des fleurs blanches; la *Clématite-Viorne* de la Caroline, à fleurs violettes de juin à septembre; la *Clématite toujours verte*, à fleurs blanc-verdâtre; la *Clématite à feuilles entières*, dont les fleurs bleues paraissent de juin à août, et la *Clématite droite* à fleurs blanches.

COBÉE GRIMPANTE. Cet arbuste d'*orangerie*, mais dont on peut pendant l'été laisser sortir les rameaux qui ont jusqu'à 10 mètres (30 pieds) de longueur, se couvre de grandes fleurs campanulées de couleur violette. Il se multiplie de boutures et de marcottes.

GRENADILLE ou **Fleur de la Passion**. On multiplie cet arbrisseau d'*orangerie* par ses semences ou par des boutures. Ses belles fleurs bleues, purpurines et blanches, forment une sorte de couronne très-jolie et paraissent pendant l'été. Cet arbrisseau s'élève à 6 mètres (18 à 20 pieds). La variété incarnate est plus délicate et ne réussit guère bien qu'en *serre*. On recherche encore les suivantes : *Grenadille quadrangulaire* dont la tige grimpante monte de 10 à 20 mètres (30 à 60 pieds); *Grenadille ailée* à fleurs rouges ; *Grenadille soyeuse* à fleurs jaunes et purpurines ; la *Grenadille pédalée* à grandes fleurs rouges, blanches et violettes, etc.

JASMIN. Il existe beaucoup de variétés de cet arbuste élégant et fort recherché pour l'agréable odeur de ses fleurs, qui n'ont que l'inconvénient d'être peu apparentes et peu durables. Le Jasmin blanc ordinaire vient en pleine terre et est propre, par ses longs sarmens, à garnir des murs et des salles de verdure. Ses fleurs blanches et d'une odeur suave sont d'autant plus abondantes qu'il est plus fréquemment arrosé. Les plus agréables variétés du Jasmin sont le *Jasmin d'Espagne* qui fleurit tout l'été et qu'on peut greffer en fente sur le Jasmin blanc ordinaire ; ses fleurs sont blanches et un peu rouges à l'extérieur ; le *Jasmin jonquille* ainsi nommé par rapport à son odeur et à sa couleur ; le *Jasmin des Açores* à fleurs blanches ; le *Jasmin glauque* à feuilles de troène ; le *Jasmin sarmenteux* ; le *Jasmin géniculé* ; le *Jasmin multiflore* ; le *Jasmin triomphant* à fleurs d'un beau jaune, tous odorans, exigeant au moins l'*orangerie* et se multipliant de boutures et de marcottes. Quant au *Jasmin jaune à feuilles de cytise* et au *Jasmin d'Italie*, tous deux donnant des fleurs jaunes, ils viennent en pleine terre, se multiplient de rejetons ; mais leurs fleurs sont inodores.

Lyciet. On distingue parmi ces arbrisseaux la *Jasminoïde* ou *Lyciet à feuilles lancéolées* dont les fleurs sont d'un blanc pourpre ; le *Lyciet de la Chine*, et le *Lyciet d'Afrique*, tous deux à fleurs violettes. Ces arbrisseaux dont la fleur a la forme de celle du Jasmin, sont propres par leurs rameaux flexibles et prolongés à garnir des treillages et des salles de verdure. La terre légère et fraîche leur convient. On les propage par le semis ou par les drageons.

RONCE. Cet arbuste rampant et qu'il faut tailler et appuyer soit à un mur, soit à des tuteurs, offre quelques variétés agréables : ce sont la *Ronce à fruits blancs*, la *Ronce sans épines*, la *Ronce panachée*, et surtout la *Ronce à fleurs doubles blanches*; la *Ronce à feuilles découpées*, à fleurs roses ; la *Ronce du Canada* ou *Framboisier du Canada* non épineux, à tiges droites de plus de 2 mètres (6 à 7 pieds) et à fleurs roses; la *Ronce du nord* qui est plutôt une plante herbacée qu'un arbuste, et qui fleurit rose-vif ; la *Ronce de Clion* à fleurs doubles roses. Toutes ces variétés se multiplient par le semis et les drageons enracinés.

La *Ronce à fleurs de rose*, qui se propage de drageons et de boutures, donne une belle fleur blanche, très-double, d'une odeur agréable. (*Orangerie*).

VIGNE VIERGE. Cet arbrisseau sarmenteux est très-propre à garnir les treillages et les rochers, sur lesquels il s'attache par ses vrilles et s'implante par les racines qu'il pousse le long de ses rameaux. Ses feuilles sont belles, bien fournies, et de vert-luisant deviennent rouges en automne. On le multiplie de marcottes, de boutures ou de graines.

CHAPITRE XII.

ANNÉE DU JARDINIER.

Il est bien essentiel de faire, en temps convenable, les plantations, les ensemence-mens, les récoltes, les différens travaux de l'agriculture. Un beau temps, un jour favorable, une température propice, l'à-propos bien saisi de l'époque de l'année, déterminent une bonne opération. Ainsi, il est important de ne pas négliger de faire à temps ces divers travaux : c'est un soin dont on est amplement récompensé par le succès des cultures et par l'abondance comme ipar la qualité avantageuse des récoltes. Malheureusement on ne peut fixer positivement aucune époque, parce que les saisons et les températures convenables n'arrivent pas à un moment précis et invariable. La végétation est quelquefois en mouvement dès le mois de février; souvent, dans le même pays, elle ne s'y met qu'en avril. Nous croirions faire injure au bon sens de nos lecteurs, si nous les invitions sérieusement à n'avoir nul égard aux phases de la lune, ni aux époques de telle ou telle fête, même non mobile : ce sont de ces vieilles bévues dont l'expérience et les lumières ont fait justice. Il serait bien à désirer qu'on eût, pour les différens départemens, un calendrier de Flore, tel que l'avait fait, pour la France entière cumulativement, le Comité d'instruction publique de la Convention Nationale, quand il fit décréter l'Annuaire appelé Républicain. En effet, lorsque tel oiseau de passage est de retour dans nos climats, ou les quitte, que telle fleur s'épanouit, que tel arbre revêt ou perd son feuillage, une époque agronomique est déterminée, et les périodes des saisons sont fixées. Au surplus, c'est au jardinier prudent et éclairé à choisir le temps convenable, et à ne pas laisser passer les instans propices à ses divers travaux. Nous allons, toutefois, en prenant un moyen terme, faire connaître mois par mois quelles sont les productions de la nature qui annoncent sa marche et son développement : elles indiquent, beaucoup plus sûrement que les dates des mois, les époques naturelles, les seules qui soient importantes pour l'agriculture.

§ Ier. *Janvier.*

(Floraison de la Rose de Noël, ou Ellébore noir, et du Pied de Griffon.)

On continue de planter les arbres dans les

terrains secs ; on transporte les terres ; on transplante quelques plants vivaces ; on commence à tailler les arbres en espalier et en quenouille.

On sème déjà la fève et les pois, pour avoir des primeurs ; on nettoie, et on éclate pour replanter, l'oseille, dont on rajeunit les racines. On peut hasarder, dans les terres légères et bien exposées, l'ognon, qui, comme tous les ensemencemens de cette époque, ne prospère que lorsque l'hiver n'est pas rude.

Dans les serres et les châssis vitrés, on sème avec avantage la laitue à recouper, le cerfeuil et les autres fournitures, le petit céleri, les raves, les radis, la chicorée sauvage pour recouper, la chicorée hâtive, les choux-fleurs et les choux hâtifs. Quand l'hiver a déjà exercé ses rigueurs, et qu'on présume qu'il va cesser, on nettoie le terrain de l'aspergerie ; on recharge de fumier et de terreau, et on abrite, pour échauffer le sol et tâcher d'avancer l'apparition des turions de l'asperge ; on place même, pour être plus sûr d'obtenir des primeurs de ce légume précieux, un châssis vitré sur une partie de l'aspergerie. On visite, pour relever la litière, s'il est utile, et pour réparer les avaries de l'hiver, s'il y en a eu, les carrés d'artichauts et les autres végétaux empaillés, ou seulement garnis de balle de blé. On répare les clôtures.

On attend la fin du mois pour semer, sur couches, des Melons, des Concombres, et quelques variétés de fleurs annuelles.

Il est encore temps de mettre en terre les Ognons des Tulipes, des Jacinthes, ainsi que les griffes des Anémones et des Renoncules.

C'est ordinairement ce mois que l'on choisit (vu le peu de travaux qui se font à cette époque) pour les distributions de terrains, les défoncemens, l'élévation de la terre en tombes, le transport des curures et des marnes, la formation des fossés et des rigoles, et la plantation des arbres et des arbustes.

§ II. *Février.*

(Les chatons du Noisetier paraissent, ainsi que ceux de quelques Saules ; le Sureau et le Groseillier épineux poussent déjà quelques feuilles. Floraison du Galanth des Neiges, de la Lauréole, de la Violette et de quelques primevères.)

Dans les années précoces, sur les terres légères, sablonneuses et bien exposées, la végétation commence à s'annoncer. Aussi sème-t-on déjà avec succès des Fèves, des Pois, des Navets, des Carottes, de l'Ognon, des Porreaux, des Choux, des Topinambours, des Panais, des Epinards, du Persil, du Cerfeuil, du Céleri, des Laitues, des Asperges. On plante l'Ail, la Ciboule, l'Echalotte, les petits Ognons de l'année précédente, et qui achèvent de grossir en peu de mois; on sépare les vieux pieds d'Estragon, de Lavande, et des autres plantes vivaces de bordures et de plates-bandes. On serfouit et nettoie l'Oseille; on donne un peu d'air aux pieds d'Artichauts, sauf à recouvrir soigneusement si le froid reparaît. On bine les Fèves et les petits Pois d'hiver, pour ameublir le terrain battu et durci par les pluies.

On continue de faire des couches de primeur; on sème sous châssis, ou, à défaut de châssis, sous cloches, quelques Melons, des Concombres; on transplante déjà les semis de janvier qui ont prospéré; on remplace par de nouvelles graines celles qui n'ont pas levé. On repique déjà des Salades et des Choux hâtifs. On dresse les plates-bandes, on nettoie les bordures; on commence à bêcher les terres légères pour les ensemencemens de mars. On remue et manie les terreaux et les engrais dont on aura bientôt besoin. On enlève les filets, les mauvais pieds et les vieilles feuilles gâtées des Fraisiers, que l'on serfouit et amende.

Il est temps de faire les plantations d'arbres dans les terres naturellement humides; de tailler le Pêcher, l'Abricotier, le Prunier, le Cerisier, la Vigne et les arbustes; de faire les boutures des arbres qu'on veut multiplier; et de mettre en terre les graines et les noyaux que l'on a stratifiés dans le sable pendant l'hiver. Vers la fin du mois on plante les arbres verts.

On sème en place le Pied-d'Alouette, le Pois à fleur, le Réséda, le Thlaspi, le Pavot, le Coquelicot. On sème sur couche pour replanter plus tard, l'Œillet de la Chine, les Amarantes, la Sensitive, la Pervenche de Madagascar, le Lotier Saint-Jacques, le Datura Fastueux, les Giroflées, les Ambrettes; on peut encore mettre en terre les Ognons de Jacinthes et de Tulipes, ainsi que les griffes d'Anémones et de Renoncules.

§ III. *Mars.*

(Floraison du Narcisse jaune, du Muscari, du Daphné Mézéréon, ou Bois gentil, du Pêcher et de l'Abricotier, du Tussilage, de la Pervenche, de la Paquerette, de la Violette canine ou inodore. — Feuillaison du Bouleau, du Groseillier épineux, de quelques Saules, du Mélèze et de quelques Lilas.)

On forme les nouvelles aspergeries, et on travaille les anciennes; on continue les opérations, et on fait les travaux de février, que le mauvais temps n'aurait pas permis d'exécuter. On sème encore des Fèves et des Pois, et il est temps de semer tous les légumes et la plupart des fleurs. Il est déjà bien tard pour planter les arbres, à moins que ce ne soient des arbres verts, ou que le sol ne soit très-humide. Vers la fin du mois, s'il fait beau, on enlève les drageons de l'Artichaut pour les mettre en place ; on découvre, on nettoie et on serfouit les vieux pieds. On sème des Salsifis, des Scorsonnères, des Betteraves, des Cardons, des Artichauts, des Epinards, des Laitues, des Chicorées, du Céleri, des Bettes, des Porreaux, des Arroches, du Cresson Alénois, du Persil, du Cerfeuil, des Raves et des Radis, du Pourpier. On fait des couches nouvelles pour les Melons, les Concombres, les Pimens, les Basilics, et quelques semis que l'on continue. On plante les Pommes de terre, les Chervis. On éclaircit les Carottes et les autres légumes semés en février. On bine et serfouit.

On plante pour graine des Ognons, des Betteraves, des Salsifis, des Carottes, et tous les légumes conservés avec soin pendant l'hiver pour être employés à la multiplication.

On met en place les boutures reprises, les marcottes, les drageons enracinés, et les légumes conservés en pépinière, tels que les Choux, les Choux-fleurs.

On sème sous châssis, et même, à la fin du mois, si le temps est devenu doux, seulement sur couche, les Balsamines, les Giroflées, les Reines-Marguerites, les Roses d'Inde, les OEillets d'Inde, les Belles-de-Nuit, le Seneçon des Indes, les Passeroses de la Chine, et cette foule de fleurs qui sont destinées à faire l'ornement des parterres.

On met en place les marcottes d'OEillets et les OEillets de semis que l'on veut conserver et multiplier, ainsi que les Juliennes, les Hépatiques, les Oreilles d'ours, et les Primevères, qui sont destinés, soit à donner leurs fleurs plus tard que les mêmes espèces replantées en octobre, soit à remplacer les pieds que l'hiver ou des accidens auraient fait périr.

On sème en place le Pied d'Alouette, la Belle-de-Jour, les Crépis, les Chrysanthèmes, les Giroflées de Mahon, la Nigelle de Damas, et les mêmes fleurs qu'on a hasardées en février.

On peut continuer, si on n'a pas eu le temps de la terminer plus tôt, la taille des arbres fruitiers.

Il est temps de greffer en fente.

On fait les semis d'arbres verts et des arbres dont on n'a pas besoin de stratifier les semences, telles que celles de l'Acacia, du faux Ebénier, de l'arbre de Judée, du Baguenaudier, etc.

On réserve, pour les laisser grainer, quelques Choux, des Mâches, des Raiponces.

§ IV. *Avril.*

(Feuillaison du Lilas, du Troëne, du Groseillier à grappes, du Merisier, de l'Aubépine. — Floraison du Prunellier, du Poirier, du Pêcher, du Prunier, du Cerisier, des Groseilliers, des Cassis, des Primevères, des Oreilles d'ours, des Jonquilles, des Jacinthes, du Cresson des prés. Apparition des Morilles.)

On sème en plates-bandes, lorsqu'on n'a pas de couches ni de châssis, toutes les Fleurs et les Plantes indiquées dans les mois précédens pour les châssis et les couches.

Dans les terrains froids, peu exposés au soleil, on sème et met en terre les légumes et les plantes désignés précédemment pour un sol plus avantageux.

On sarcle, on repique, on arrose même quelquefois quand la sécheresse se fait déjà sentir ; mais on arrose après le lever du soleil, et avec de l'eau qui ne soit pas crue.

Il est temps de semer la Betterave, les diverses espèces de Choux, les Pois, quelques Fèves, les Cardons, le Céleri, le Céleri-navet, des Concombres à Cornichon, des Citrouilles, des Giraumons, des Pommes d'Amour, des Pimens, des Raves et des Radis, des Lentilles, des Laitues, des Chicorées.

On plante les arbres verts, Pins, Sapins, Mélèzes, Cèdres, Epicéas, Ifs, etc., surtout les Arbres résineux, qui ne prospèrent pas quand ils sont plantés plus tôt.

On met tout-à-fait à l'air, après les avoir découverts par degrés, les plants d'Artichauts que l'on œilletonne, bêche et fume.

On plante le Fraisier des quatre saisons. On peut encore faire des plantations d'Asperges.

On plante sur couche les Ognons de Tubéreuses.

Dans les pays un peu froids, on sème seulement pendant ce mois les Arbres verts, les Acacias et les autres que nous avons désignés dans le mois précédent.

Quand l'année est retardée, et que la sève n'a pas encore été mise en mouvement, on peut greffer en avril des Poiriers et des Pommiers.

Il est temps de semer les Capucines, les Liserons, les Belles-de-Nuit, les Dahlias.

On plante en pleine terre quelques pieds de Melons, les Cardons d'Espagne. On sème le Maïs, le Céleri-navet, la Chicorée sauvage, destinée à blanchir d'octobre à décembre; le Pourpier, la Sarriette, le Persil, le Cerfeuil.

On hasarde quelques Haricots qui ne réussiront que si le temps reste doux.

On réchauffe de vieilles couches; on en fait de neuves encore pour les Melons.

On découvre peu à peu les Figuiers; on arrête les Fraisiers. On fait des boutures de Giroflée jaune et d'arbustes. On transplante déjà plusieurs des fleurs semées sur couche.

La Greffe en couronne, la Greffe en flûte, l'Écusson, se pratiquent alors avec des rameaux coupés en février, et conservés fraîchement en terre, à l'ombre, dans un lieu sain. On fait des marcottes d'arbustes. On tire de l'Orangerie les plantes qui peuvent supporter la température de ce mois : toutefois, il est prudent de les rentrer, ou de les couvrir la nuit, surtout si l'on craint qu'il ne gèle.

§ V. *Mai.*

(Feuillaison de presque tous les arbres. Floraison de la Mâche, de l'Iris, du Lilas, de la grande Consoude, de la Boule de Neige, du Cerfeuil, de la Tulipe, du Muguet, de l'Arbre de Judée, de l'Aubépine, du Néflier, du Coignassier, du Pommier, du Genêt, de la Fève de marais.)

Pendant ce mois, on est déjà plus occupé à sarcler, à serfouir, quelquefois même à arroser, à transplanter, à mettre en place, qu'on ne l'est à semer, excepté les Haricots, quelques Pois, et quelques autres légumes et fournitures pour l'arrière-saison, les Aubergines, les Tomates, les Pimens, l'Alkekange, la Capucine, et quelques fleurs, comme la

Scabieuse, la Nigelle, le Thlaspi, la Giroflée de Mahon, le Souci, etc.

Dans les terres tardives, et lorsqu'on n'a pas été libre de faire ses travaux plus tôt, on peut encore faire les ensemencemens prescrits pour le mois d'avril, tels que les Melons, les Concombres, les Cornichons, les Cardons, le Céleri, la Scarole, la Chicorée, les Raves et les Radis, les Choux, les Choux-fleurs.

On sème encore quelques graines de fleurs tardives et d'arbres d'agrément, tels que l'Arbre de Judée, l'Acacia blanc, le Sophora.

On rame les Pois et les Haricots. On recueille déjà, pour les confire au vinaigre, quelques Cornichons hâtifs, et quelques Melons (ceux qui sont de trop et qui nuiraient).

On multiplie, par drageons enracinés, les Oreilles d'ours et les Primevères.

Les Arbres d'orangerie sont enfin exposés, mais avec précaution, au grand air, auquel on les a accoutumés par degrés, en ouvrant de temps en temps le jour, puis enfin jour et nuit, l'appartement qui les renfermait. C'est ordinairement après le 15 mai, quand le temps est beau, qu'on met les Orangers en plein air.

On replante des Bettes, des Potirons, du Fenouil propre à faire blanchir comme la Chicorée, des Choux panachés et des Choux-fleurs.

On greffe en flûte le Châtaignier et le Figuier.

On éclaircit les ensemencemens qui sont trop drus, tels que les Ognons, les Salsifis, les Carottes; on coupe les filets des Fraisiers; on fait sur couche des boutures de Géranium, d'Héliotrope, et d'autres Fleurs ou Arbustes de serre et d'orangerie.

§ VI. *Juin.*

(Floraison du Troëne, de quelques Pommiers tardifs, du Chèvrefeuille, du Sureau, des Lis, des Œillets, des Rosiers, des Orchis, des Mauves, du Pavot, du Coquelicot, etc. etc.)

On sarcle, on arrose, on éclaircit les plants trop serrés. On ébourgeonne la Vigne et les Arbres fruitiers dont on palisse les nouveaux jets.

On continue les boutures sur couche des Géranium, des Hortensia, des Clérodendron, des Héliotropes.

On sème encore des Fournitures, des Choux-fleurs, des Cardes-poirées, des Choux-navets, des Chicorées, des Scaroles, des Laitues, des Laitues romaines, des Haricots suisses, le Pois de Clamart, le Raifort, la Rave d'Augsbourg, du Cresson, du Pourpier, de la Raiponce, de la Chicorée sauvage, des Radis, des

Épinards. Ces semis ont besoin d'abri contre le soleil et d'arrosement.

On greffe en écusson à la pousse les arbres qui produisent des fruits à noyau.

On met en place le Céleri, la Laitue, le Porreau, les Cardes-Poirées, la Chicorée, la Scarole.

On réserve pour graines les Fèves, les Pois, les Choux-fleurs, et quelques autres légumes destinés à la multiplication.

On éclaircit l'Ognon, les Carottes, les Betteraves, les Salsifis, les Scorsonnères.

On repique des fleurs pour l'automne.

On sème en pépinière plusieurs variétés de Choux dans les terres froides et mal exposées au soleil.

On œilletonne les Artichauts qui ont rapporté, et on les serfouit ; on effile les Fraisiers.

On tond les buis et les haies.

On recueille déjà beaucoup de graines, celles des Renoncules, des Oreilles d'ours, des Tulipes.

On tire de terre, on fait sécher au soleil, et on serre dans un endroit bien sain les Ognons, les bulbes et les griffes des Tulipes, des Jacinthes, des Anémones, à mesure que les feuilles ou fanes se sont complétement desséchées.

§ VII. *Juillet.*

(Floraison du Jasmin, du Romarin, de la Scabieuse, du
Liseron, de la Mollaine, du Céleri, de la Tubéreuse, du
Martagon, du Pourpier, du Pied-d'Alouette, de l'Hysope,
de la Lavande, de la Sarriette, du Basilic, de la Marjolaine,
de la Citrouille, du Thlaspi, du Géranium, de la Chicorée
sauvage, de la Scarole, de l'Artichaut, de l'Estragon, de
l'Œillet d'Inde, de la Rose d'Inde, de la Balsamine, du
Souci, du Maïs, du Châtaignier, des Cucurbitacées, des
Amarantes, de l'Arroche, du Figuier, etc.)

On continue d'ébourgeonner et de palisser ;
on écussonne à œil dormant sur églantier, sur
prunier, sur épine et sur poirier.

On commence à marcotter les Œillets,
on finit de recueillir les Ognons à fleur et les
bulbes.

Si les semis du mois précédent ont été
retardés, ou n'ont pas réussi, on les renouvelle.

Beaucoup de graines sont mûres : on en
fait la récolte, ainsi que de l'Ognon repiqué
en mars, des Echalottes, etc.

On sème des Radis noirs, des Épinards,
des Mâches, des Ognons blancs pour passer
l'hiver et pour être repiqués au printemps ;
quelques Salades et des Fournitures.

On remet en terre les Ognons de Lis, de
Couronne impériale, et les autres qui n'ont

besoin que d'être débarrassés de leurs caïeux.

On recueille la fleur d'Oranger le soir et le matin.

On sarcle, on bine, on serfouit, on arrose si le temps est sec.

§ VIII. *Août.*

(Floraison de l'Héliotrope, des Phlox, du Laurier-Rose, de la Belladone, des Aloès, de la Glaciale, de l'Aconit-Napel, de la Bardane, du Carthame, du Topinambour, de l'Immortelle-violette, etc., etc.)

On sème, pour fleurir l'année suivante, et pour que les pieds soient plus beaux et plus vigoureux, des Pois à fleur, du Pied-d'Alouette, du Réséda, du Sainfoin d'Espagne, du Thlaspi, des Pavots.

On écussonne les Amandiers, les Abricotiers et les autres Arbres, à œil dormant, si la sève est en bonne activité.

On sème quelques Légumes et des Fournitures, des Salades, des Carottes d'hiver, des Salsifis, des Epinards, des Mâches, quelques Raves et Radis, des Choux-fleurs.

On butte le Céleri.

On lie les Chicorées et les plants de même nature, dont on mange les feuilles.

On continue de biner, de serfouir, d'éclaircir et d'effiler. On coupe rez-terre les montans des Artichauts, dont on a recueilli les têtes.

On recueille la graine de Cerfeuil, de Persil, de Laitues, de Raves, de Radis, de Ciboules, d'Ognon, de Carottes, de Betterave, et même de Capucine.

On découvre un peu, pour leur faire prendre couleur et saveur, les fruits qui sont trop couverts de feuilles.

On fait déjà des plants de Fraisiers, qui rapporteront l'année suivante.

On marcotte des Œillets. On plante quelques griffes d'Anémones pour fleurir en automne et en hiver. On met en place des drageons ou œilletons de Roses de Noël et d'Ellébore. On met en terre les Ognons de Crocus, de Perce-neige, de Couronne impériale, et même de Tulipes.

C'est le temps d'écussonner à œil dormant sur le Coignassier, le Poirier, le Doucin et Paradis, l'Amandier, le Merisier, le Cerisier, le Mahaleb ou Sainte-Lucie.

§ IX. *Septembre.*

(Floraison des Jasmins, du Colchique, de l'Arbousier, de la Reine-Marguerite, du Safran, de l'Amaranthine.)

On sème des Choux; on plante des Fraisiers; on met en terre les Ognons de Jonquilles, de Tulipes, de Jacinthes, dans les terrains froids.

On sème en place des Pieds-d'Alouette, du Pavot, et diverses Fleurs qui deviennent plus fortes que celles qu'on ne sème qu'au printemps.

Les arrosemens, quand ils sont nécessaires, ne se font plus que le matin, à cause des nuits prolongées et par conséquent froides.

On sème encore quelques Fournitures, des Epinards, des Panais et des Carottes. On repique des Chicorées.

On lie le Céleri, on continue de le butter. On lie aussi et on empaille les cardes d'Artichaut.

On palisse les espaliers. On continue de marcotter les Œillets.

A la fin de ce mois, comme en avril, la terre du jardin doit être entièrement couverte de légumes, ou semés, ou repiqués.

§. X. *Octobre.*

(Floraison de la Reine-Marguerite, des Asters, du Narcisse d'automne ; apparition et végétation plus active des Agarics, des Bolets. Effeuillaison du Tilleul ; panachure des feuilles du Merisier.)

Si le temps est resté beau, on peut continuer quelques-unes des cultures de septembre, et même celles que l'on n'aurait pu effectuer, soit par mauvaise température, soit par défaut de temps.

Il est bon de semer à l'abri, des Raves et des Radis, du Cerfeuil, quelques Pois d'hiver, les Pois Michaud, des Mâches, des Epinards, de la Laitue crêpe, du Chicon, des Choux-fleurs.

On plante en pépinière, pour les trouver au besoin après l'hiver, des œilletons d'Artichauts, des Fraisiers, des Choux, des Laitues, des marcottes d'OEillets.

Si le froid est précoce, il faut mettre en terre les ognons de Jacinthes, de Tulipes, de Jonquilles et de Narcisses, ainsi que les griffes d'Anémones et de Renoncules; et établir à demeure, dans la plate-bande, pour qu'elles fleurissent bien l'année suivante, les plantes vivaces, comme Julienne, Croix de Jérusalem, etc.

C'est le moment de repiquer les Choux d'York, et les autres Choux pommés d'hiver, les Ognons blancs.

Les Plantes annuelles qui peuvent passer l'hiver dehors, doivent être semées à cette époque, sauf à faire au printemps un nouveau semis, dans le cas où la rigueur de la mauvaise saison aurait été excessive : ces plantes sont le Réséda, les Pois de senteur, le Pavot, le Coquelicot, etc.

On ouvre déjà les fosses et les tranchées pour les plantations d'arbres; mais on ne met en terre à cette époque, et jusqu'en janvier, que dans les terrains secs. Ce n'est qu'en février, et même en mars, qu'on peut planter dans un sol humide.

Il faut défaire les couches, et mettre à part le terreau et le fumier consommé.

Les cardes de l'Artichaut, qui ont été liées en septembre, sont bonnes à cueillir en octobre. Il leur suffit, en général, pour qu'elles soient blanches et tendres, d'avoir été liées pendant quinze à vingt jours. On peut encore en lier au commencement d'octobre, si le temps est beau. On empaille les cardons d'Espagne; on continue de lier le Céleri.

On coupe les rameaux d'Asperges, et on les étend sur l'Aspergerie, que l'on couvrira d'une couche de feuilles d'ormeau ou de pommier, de préférence à toutes autres, aussitôt qu'il en sera tombé suffisamment. Ces feuilles sont celles qui donnent le meilleur terreau, aussitôt qu'elles sont pourries.

A la fin du mois, on met dans le sable, pour l'hiver, après les avoir arrachés par un beau jour, les Carottes, les Navets, les Salsifis et la Chicorée sauvage. On dispose la Barbe de Capucin. On cueille les fruits à mesure de leur maturité, et on ne les établit dans la fruiterie que lorsqu'ils sont bien secs et qu'ils ont passé huit jours exposés à l'abri de l'air extérieur, à des courans d'air, dans des appartemens que l'on ouvre seulement de jour et par une température sèche.

Il est temps de rentrer dans la Serre, et même dans l'Orangerie, les Arbres, les Arbustes et les Plantes qui craignent la gelée et le froid.

§. XI. *Novembre.*

(Floraison du Capillaire, du Laurier - Tin. Végétation plus prononcée des Corserves et des Vesses de Loup. Effeuillaison presque générale.)

On ne sème plus guère en ce mois ; mais on continue de planter dans les terrains secs. Toutefois, si le temps le permet, on sèmera quelques Pois Michauds ; on repiquera quelques Laitues d'hiver. On couvre soigneusement les Artichauts et les pieds des Cardons réservés pour graine ; on empaille sainement les Figuiers pour les préserver de la gelée. On émousse les arbres, après un jour de pluie, qui permet de les nettoyer plus facilement.

On plante dans la Serre les Betteraves, les Cardons, les Scorsonnères, les Salsifis, les Choux-fleurs, les pieds d'Artichauts chargés de leurs fruits ou têtes, le Persil à grosses racines, le Céleri-navet, etc.

Il est convenable de semer les graines d'Asperges, qui produiront des pieds plus beaux que celles qu'on mettrait en terre au printemps, et celles des semences d'arbres qu'on ne stratifie pas, excepté celles des arbres verts, qu'il ne faut semer qu'en avril.

On met en terre à cette époque, quand le mois précédent a été chaud et beau, les Ognons à fleurs et les griffes.

C'est le moment, ainsi que dans le mois suivant, si l'on n'a pas le temps en novembre, de lever la terre des parties du jardin qui ne sont pas occupées, pour en former des cordons et faire mûrir le terrain pendant l'hiver.

§. XII. *Décembre.*

(Floraison de la Véronique agreste, du Laurier - Tin, Végétation plus active des Bisses et de la Mnie.)

On continue de planter ; on peut tailler déjà les Pommiers, surtout ceux qui sont en buisson, en quenouille.

On sème encore, si le temps est favorable, des Pois d'hiver et des Fèves de marais, que l'on couvre légèrement avec de la paille, des chenevottes, et surtout de la paille de pois, qui s'enchevêtre, et par conséquent est plus facile à contenir sur les plantes.

Dès le commencement du mois, on coupe l'Oseille, on la serfouit, et on la couvre légèrement avec du fumier de poulailler et de vacherie.

CHAPITRE XIII.

DE LA RÉCOLTE ET DE LA CONSERVATION DES GRAINES.

En général, il est économique et prudent de recueillir les graines dont on a besoin pour ses cultures : on est assuré de les avoir bonnes et de les trouver sous sa main quand on désire en faire usage ; d'ailleurs, on connaît au juste leur espèce et leur âge. Toutefois, si on peut se procurer des Graines d'excellente qualité, elles seront, toutes choses égales d'ailleurs, préférables à celles que l'on a recueillies sur le terrain où elles seraient ensemencées, puisque les Graines dépaysées réussissent beaucoup mieux, et conservent mieux sans altération leurs principes et leur bonté.

Comme il est à craindre que, lorsqu'on achète des semences, le grainier ne trompe sur l'âge, l'espèce, et la perfection de maturité, il est à propos de conserver dans le jardin de bons porte-graines, ne fût-ce que pour en échanger les produits avec quelque cultivateur, ce qui offrirait tous les avantages qu'on peut attendre d'un échange.

Pour les plantes qui ont entre elles des analogies, il faut placer, à la plus grande distance que l'on peut mettre, ces végétaux, qui, à l'époque de leur floraison, confondant leurs étamines, altéreraient les qualités et dépraveraient les espèces. Ainsi les diverses Laitues, les Radis, les Citrouilles et les Melons, ne seront pas établis assez près les uns des autres pour que le mélange des étamines puisse avoir lieu.

C'est des plus beaux individus de chaque espèce qu'il faut faire choix pour s'assurer de bonnes Graines. Ces plantes mises en réserve, arrosées, sarclées et serfouies à propos, seront surveillées avec exactitude. Il en est même quelques-unes qu'à l'approche de la maturité des semences, il sera prudent de mettre, au moyen d'un filet, à l'abri de la voracité des oiseaux, tels que les Salsifis, les Scorsonnères, etc. Ces dernières mêmes, et quelques autres, dont les graines pourvues d'ailes sont exposées à être dispersées par le vent, doivent être cueillies un peu avant qu'elles soient complètement mûres.

Aussitôt que les Graines sont en état d'être

récoltées, on doit, par un beau temps, et quelques heures avant le coucher du soleil, les porter dans un lieu sec, suffisamment aëré, et les y étendre sur des toiles ou sur du papier gris, à moins qu'elles ne soient assez fortes et robustes pour n'avoir pas besoin de ces précautions.

Autant qu'on le pourra, on les laissera compléter leur maturité, en les exposant au soleil, à l'air sec, et en les remuant de temps en temps. Si la quantité qui est nécessaire n'est pas trop considérable, on laissera jusqu'à l'ensemencement toutes ces Graines dans leurs gousses ou leurs balles; elles s'y conserveront beaucoup mieux que mises à nu dans des sacs ou dans des boîtes.

Pour quelques semences, cette précaution ne saurait être employée. Les pépins des Cucurbitacées doivent être extraits du fruit ou pulpe qui les contient. On le laisse mûrir parfaitement, et même commencer à pourrir, afin que les graines en soient meilleures; on les fait sécher à un soleil modéré et à l'air libre, avant de les enfermer dans des sacs de papier gris. Il ne faut pas les laver; l'enduit gommeux qui tapissera leur enveloppe sert à les mieux conserver.

Toutes les semences, soit dans leurs gousses, soit dans leurs balles, soit dépouillées et nettoyées, seront placées sèchement et sainement dans des sacs, des cornets ou des boîtes bien fermées, mises à l'abri de l'air, de la lumière, de l'humidité et des insectes, jusqu'à ce qu'on juge à propos de s'en servir. La température du lieu où l'on conservera les graines doit être plutôt froide que chaude, parce que cette chaleur accélérant un commencement de végétation, en faisant fermenter les principes huileux de quelques-unes d'entre elles, altérerait considérablement leurs germes.

Quoi que l'on fasse, ces précautions ne sont pas toujours suffisantes : quelquefois il arrive que de petits insectes, d'abord inaperçus, viennent à se développer, et se multiplient même au point de dévorer des sacs entiers de graines. Pour prévenir ce grave inconvénient, il sera à propos de les visiter de temps en temps, et de les vanner pour les nettoyer.

Les Pommes de terre exigent des soins particuliers. Elles seront mises à l'abri de l'humidité qui les ferait pourrir, de la chaleur qui accélérerait trop leur germination, et de la gelée qui les réduirait en une eau corrompue, qui ôte à ces tubercules la faculté de la réproduction.

Les semences dures, telles que les Noyaux, les Noix, les Amandes, et toutes celles qui tarderaient trop à lever si on se bornait à les mettre en terre au printemps, seront stratifiées dans une cave au moyen de sable légèrement humide dont on les recouvrira dès le mois d'octobre et jusqu'à ce qu'on les sème en avril, en ayant soin de ménager les germes, les racines et les cotylédons qui se seraient développés. Cette stratification doit être mise à l'abri de la voracité des rats et des souris, et ne sera visitée qu'avec beaucoup de précautions, afin de ne rien briser.

Si l'on voulait conserver plusieurs années, ou envoyer fort loin quelques graines dont la plupart sont délicates au point de craindre les diverses variations atmosphériques, il serait à propos de les renfermer bien sèches, par petits paquets enveloppés soigneusement avec du papier gris, bien ficelés, bien clos, et enfermés dans de bonnes boîtes très-saines, et même rembourrées de coton ou de mousse.

Les bonnes graines se reconnaissent à leur poids, quelques-unes à leur odeur, et toutes à leur grosseur et à leur belle apparence. C'est de ces graines qu'il faut nécessairement faire un choix sévère, si l'on veut avoir des productions qui réunissent la beauté à la bonté.

Les graines nettoyées seront enveloppées et étiquetées, afin de pouvoir reconnaître, par l'époque de leur récolte, l'âge qu'elles ont lorsqu'on les sème. On sait que plusieurs de ces graines sont plus recherchées au bout de quelques années, que dans celle où elles ont été recueillies. Quoi qu'il en soit, les graines les plus récentes sont en général les meilleures, à moins que la mauvaise saison ne les ait empêchées de parvenir à une maturité parfaite, ou que quelque circonstance ne les ait altérées.

Voici l'état de la durée des semences, pendant laquelle on peut sans inconvénient en faire usage. Il est inutile de faire observer que ces données ne peuvent être qu'approximatives, puisque la durée de la force végétative des graines dépend de leur bonne constitution, de leur maturité parfaite, de leur récolte soignée, et d'une conservation telle qu'elles n'aient rien à redouter de l'air, de la lumière, de la chaleur et de l'humidité. On a souvent vu lever parfaitement, au bout de nombreuses années, des semences retrouvées dans la terre à une grande profondeur où elles s'étaient conservées à l'abri des influences météoriques qui les auraient altérées.

La germination, aussi, dépend de beaucoup de circonstances. Telle graine qui lève en trois jours dans un bon terrain, grâce à une chaleur et à une humidité convenables, emploiera, lorsque ces avantages lui manquent, quelquefois jusqu'à huit ou dix jours avant de développer ses racines et ses feuilles.

Ainsi, quand nous parlons de la germination, nous supposons les circonstances les plus favorables; et pour la durée des graines nous fixons un terme ordinaire dépendant des soins de conservation que nous avons prescrits.

TABLEAU *de la durée des Graines, et de l'époque de leur germination.*

NOMS DES PLANTES.	VIE.	GERMINATION. Jours.	DURÉE de leurs SEMENCES. Ans.	
Fève.	Annuelle.	3	3 à	6
Haricot.	*Idem.*	3	2	4
Pois.	*Idem.*	3	2	5
Lentille.	*Idem.*	3	3	4
Pomme de terre.	*Idem.*	10	»	»
Topinambour.	Vivace.	15	»	»
Carotte.	Bisannuelle.	5	2	3
Navet.	*Idem.*	3	2	3
Salsifis.	*Idem.*	8	1	2
Scorsonnère.	*Idem.*	8	1	3
Chervis.	Vivace.	»	3	4
Betterave.	Bisannuelle.	6	6	4
Panais.	*Idem.*	8	2	3
Rave et Radis.	Annuelle.	3	5	10
Raifort.	Bisannuelle.	6	5	6
Chou.	*Idem.*	10	6	10
Céleri.	*Idem.*	10	2	4
Epinard.	Annuelle.	3	3	5
Cardon.	Bisannuelle.	10	7	10
Ognon.	Annuelle.	6	2	3
Ail.	Vivace.	»	»	»
Echalotte.	*Idem.*	»	»	»
Ciboule.	*Idem.*	»	»	»
Porreau.	Bisannuelle.	6	3	4
Asperge.	Vivace.	15	6	10
Artichaut.	*Idem.*	10	3	5
Melon.	Annuelle.	5	6	15
Concombre.	*Idem.*	6	5	8
Citrouille.	*Idem.*	6	4	6
Melongène.	*Idem.*	8	4	5
Mâche.	*Idem.*	10	6	7

NOMS DES PLANTES.	VIE.	GERMINATION. Jours.	DURÉE de leurs SEMENCES. Ans.	
Raiponce.	Vivace.	10	4 à	6
Cresson d'eau.	*Idem.*	»	»	»
Cresson alénois.	Annuelle.	5	4	5
Pourpier.	*Idem.*	9	8	10
Laitue.	*Idem.*	4	2	5
Chicon.	*Idem.*	4	2	3
Chicorée.	*Idem.*	»	6	10
Oseille.	Vivace.	8	3	4
Arroche.	Annuelle.	8	2	4
Bette.	Bisannuelle.	6	8	10
Persil.	Trisannuelle.	45	3	5
Cerfeuil.	Annuelle.	5	1	2
Ache.	Vivace.	10	3	5
Bourrache.	Annuelle.	8	2	3
Estragon.	Vivace.	»	3	4
Pimprenelle.	*Idem.*	10	3	4
Fenouil.	Bisannuelle.	4	3	5
Sarriette.	Annuelle.	8	4	5
Angélique.	Bisannuelle.	15	1	2
Coriandre.	Annuelle.	10	2	5
Capucine.	*Idem.*	12	5	6
Sénevé.	*Idem.*	5	2	3
Corne-de-Cerf.	*Idem.*	8	2	3
Piment.	*Idem.*	8	6	8
Tomate.	*Idem.*	8	2	3
Basilic.	Annuelle.	5	2	5
Absinthe.	Vivace.	8	1	3
Thym.	*Idem.*	»	»	»
Lavande.	*Idem.*	»	»	»
Romarin.	*Idem.*	»	»	»
Rue.	Vivace.	25	3	6
Hyssope.	*Idem.*	30	4	6
Groseillier.	*Idem.*	30	7	10
Framboisier.	*Idem.*	30	7	10
Fraisier.	*Idem.*	10	1	3

Non stratifiées dans le sable , les semences de l'Amandier à coque dure , du Pêcher et du Châtaigner , ne lèvent qu'au bout d'un an à quinze mois ; celles de l'Aubépine , du Noisetier , du Néflier , de l'Avelinier , du Cornouiller et du Rosier , ne sortent de terre qu'au bout de deux années. Les pepins n'ont pas besoin d'être stratifiés ; ils lèvent en moins d'un mois , ainsi que les amandes à coque tendre.

CHAPITRE XIV.

DE LA DESTRUCTION DES ANIMAUX ET DES INSECTES NUISIBLES AU JARDINAGE.

Il importe de surveiller avec diligence les cultures, qui ont coûté beaucoup d'argent , de travail et de soins. Tant d'espérances s'attachent à leur succès, et tant d'utilité doit résulter de leur état prospère ! Il faut donc veiller efficacement à leur conservation.

Au moyen de bonnes clôtures, les animaux un peu forts n'entreront pas dans le jardin. Il ne s'agit donc que de le préserver de la voracité et des ravages des petits animaux, d'autant plus redoutables qu'ils sont difficiles à découvrir, qu'ils sont nombreux et qu'ils se multiplient souvent par myriades.

ARAIGNÉE. Il est une variété de cet insecte vorace qui ne se borne pas à la destruction des Mouches et des Moucherons, ce qui serait fort utile. La variété dont nous provoquons ici la perte, s'attache aux jeunes semis de Carottes, et y occasionne quelquefois les plus grands ravages. Elle pique la plante lorsqu'elle vient à lever, et la fait périr sans ressource. On détruit, ou au moins on écarte cet insecte, en arrosant le plant à plusieurs reprises dans la journée, en commençant le matin, par une aspersion de suie écrasée très-fin et délayée dans un volume d'eau assez considérable pour qu'elle ne fasse que le noircir. Il paraît que l'amertume de la suie suffit pour offenser les Araignées : j'ai d'autant plus lieu de le présumer, que j'ai obtenu le même avantage d'une infusion à froid de feuilles d'absinthe broyées dans l'eau.

CHARANÇONS. Cet insecte, si préjudiciable dans les champs à nos Blés, ne l'est guère moins à la Vigne et à quelques plantes, dont il roule et détruit les feuilles, si nécessaires à la prospérité des végétaux de toute espèce. On écrase ces insectes, lorsqu'on les découvre : ce moyen est toujours efficace ; mais il est lent et difficile. Il faut avoir recours à des remèdes plus praticables. L'odeur du Chanvre et du Sureau, broyés dans l'eau, contribue beaucoup à les écarter; des frictions d'ail écrasé sur les tiges des plantes attaquées, achèvent de mettre en fuite ces insectes, qui finissent par désemparer un terrain où ces odeurs les importunent.

CHENILLES. Le meilleur moyen de se préserver de ces hideux animaux est de recourir à l'échenillage : il faut, avant qu'elles éclosent, enlever tous les anneaux ou bourrelets de petits œufs fort durs qui entourent les branches des arbres, et les bourses qui renferment d'autres œufs ou cocons. On doit s'empresser de les jeter au feu. Quelque soin qu'on apporte à cette facile destruction, il peut échapper quelques petits dépôts, quelquefois placés dans de vieilles écorces; il peut aussi venir des Chenilles du voisinage où l'on n'aurait pas mis le même soin à leur poursuite. Alors, avant le lever du soleil, on enlève ces insectes réunis et tapis sur quelques feuillages où le froid de la nuit les force de se retirer; on peut aussi placer un réchaud garni de charbon allumé sous les plantes attaquées : un peu de fleur de soufre jetée sur ce charbon vient à s'enflammer, et par son odeur asphyxie à l'instant même les Chenilles, qui tombent sans force. Ce moyen exige beaucoup de précaution, car il faut soigneusement éviter de brûler ou même de chauffer trop fortement les rameaux et les feuillages qui à cette époque sont fort tendres. On fait aussi périr les Chenilles par des aspersions, soit d'eau dans laquelle on a fait fondre du savon noir, soit de jus de fumier. L'odeur du tabac les écarte aussi, mais ce moyen est peu praticable.

COURTILLIÈRE OU TAUPE-GRILLON. Cet insecte se retire sous terre, où il déplace les racines et bouleverse parfois le terrain des cultures nouvelles. On emploie l'eau de savon noir, ou l'eau mélangée avec un peu d'huile commune, que l'on verse avec l'arrosoir à bec dans le trou où se retire l'insecte. Cette retraite se reconnaît à la forme arrondie de terre remuée qu'il a poussée dehors, à la manière de la Taupe. La Courtillière, comme beaucoup d'insectes, périt dès qu'elle a été atteinte par l'huile ou tout autre corps gras.

FOURMIS. Lorsqu'on s'est assuré du lieu où elles se retirent, il faut le cerner et jeter assez d'eau bouillante pour anéantir la fourmillière. Si par hasard elle se trouvait trop près d'une plante importante, on attirerait les Fourmis à quelque distance de là, en bouleversant leur travail; en les inquiétant pour les forcer à s'enfuir vers le point où il est facile de les attirer, en enduisant d'un peu de miel un pot que l'on renverse, et sous lequel on ménage un passage. Aussitôt qu'elles s'y sont établies, on emploie l'eau bouillante. Quand on peut craindre que cette eau n'atteigne des plantes ou des racines utiles, il suffit de jeter sur la fourmillière un peu de chaux vive, sur laquelle on verse de l'eau froide. Ce moyen est très-efficace, et vaut mieux que les arrosemens d'eau de chanvre dont nous avons parlé plus haut, et qui seraient ici à peu près inutiles, puisqu'ils ne feraient que déplacer le mal. L'huile dont on arroserait les Fourmis, les ferait aussi périr. La grosse Fourmi, dont on se débarrasse ensuite, introduite dans le jardin, y détruit promptement la petite espèce. On empêche encore ces insectes d'attaquer les vases de fleurs, en plaçant dessous un plateau de terre cuite rempli d'eau qu'elles n'osent traverser. Un anneau de laine et de crin roulé autour du tronc d'un arbre, une bande de cuir circulaire enduite de glu ou d'une peinture à l'huile entretenue humide, ne leur permet pas de parvenir aux branches et d'en dévaster les feuillages et les fruits.

GUÊPES ET FRÊLONS. On en prend beaucoup au moyen, soit de petits filets dont on se sert pour attraper les Papillons, soit de caraffes remplies au tiers avec de l'eau miellée ; mais le plus sûr moyen est de chercher leur retraite, qui est ordinairement dans la terre, dans un trou de mur, ou de quelque vieil arbre. Dès que cette retraite est découverte, on vient la nuit, le plus tard que l'on peut, avec une pelotte d'argile ou de mastic de vitrier, et l'on bouche exactement l'ouverture du guêpier. Il suffit ensuite d'y répandre, au moyen d'un petit entonnoir, une quantité d'eau bouillante suffisante pour détruire tous ces insectes.

Hannetons. Ce n'est pas comme Hanneton que cet insecte est redoutable aux jardins, où l'on peut facilement l'écraser après avoir secoué les rameaux des arbres qu'il attaque ; c'est lorsqu'il n'est encore que man ou turc, et vivant sous terre, qu'il fait le plus de ravages, en dévorant les racines des jeunes plantes, et même des arbres les plus forts. Il faut le chercher avec soin en béchant, pour le tuer, et lorsqu'on s'aperçoit qu'une jeune plante, pourtant vigoureuse, vient tout à coup à se flétrir, on doit en découvrir les racines, où il est facile de trouver l'insecte ; on l'écrase avec facilité, parce qu'il n'est pas du tout agile. C'est principalement aux racines charnues de la Laitue et du Fraisier qu'il s'attache de préférence, et c'est par là qu'il faut toujours commencer ses recherches.

LIMACES; LIMAÇONS; ESCARGOTS. Il est bien difficile de parvenir à la destruction de ces insectes, dont on peut pourtant prévenir une partie des ravages, en les poursuivant vers la fin de février, dans les monceaux de cailloux et les gerçures de murailles, où ils trouvent pour l'hiver un abri dans lequel ils s'engourdissent. Il est facile de les y tuer. Pendant la belle saison, qui est l'époque de leur dévastation, on doit, dès le matin et vers le soir, et surtout lorsqu'il a plu, les chercher sur le sol et les jeunes plantes. On les enlève dans des pots, pour les livrer aux volailles ou pour les écraser. Quand il ne s'agit que de préserver un petit nombre de plantes ou un jeune semis, on jette çà et là de la suie en poudre, dont l'excessive amertume chasse tous les insectes.

MULOTS; RATS; SOURIS. De l'arsenic pulvérisé et mêlé avec de la farine, est un bon moyen pour empoisonner ces animaux; mais il en peut résulter des accidens, quoique pourtant les Chats ne mangent guère la farine, non plus que les autres animaux domestiques, parce que, sous la forme pulvérulente, elle a peu d'attrait pour eux. C'est aux ratières, aux quatre-de-chiffre, qu'il faut avoir recours, et ne pas craindre de les multiplier après les avoir convenablement amorcés. Le poison dont nous avons parlé peut s'employer sans aucun inconvénient, en ayant soin de le placer au fond des trous d'une petite pièce de bois percée par une forte tarière. Le Mulot seul peut s'y introduire, et il n'est pas à craindre que des animaux utiles y puissent atteindre. Le Rat est plus difficile à prendre : c'est de la ratière et du quatre-de-chiffre qu'il faut se servir contre lui. Le piége à bascule, placé sur un petit cuvier à demi rempli d'eau, est encore un très-bon moyen pour détruire beaucoup de Rats et de Mulots. Pour cet effet, on établit sur le cuvier une petite planchette, formant bascule. Au moyen d'un fil de fer recourbé, fixé à l'un des bords du cuvier, on suspend un appât quelconque, vers lequel l'animal ne manque pas de se rendre. Aussitôt qu'il en approche, la bascule joue, l'animal tombe dans l'eau, et la bascule se rétablit pour former le même piége à tous ceux qui viendront à se présenter.

Pucerons. Quelques plantes sont parfois infectées par une grande quantité de ces petits insectes, que leur couleur empêche d'apercevoir de loin, et que leur nombre rend très-fâcheux aux feuilles et aux jeunes tiges qu'ils attaquent. Des injections d'eau de suie et d'eau de savon noir, des fumigations faites avec du tabac ou de la fleur de soufre, sont les remèdes les plus efficaces pour détruire les Pucerons.

TAUPES. (*) Heureusement ces animaux n'ont pas le temps de faire beaucoup de ravage avant qu'on s'aperçoive de leur incursion. Des monticules ou taupinières indiquent promptement leur présence. Quand on a la patience de les épier dans leur travail, qui se fait ordinairement au commencement, au milieu et à la fin du jour, on est certain de les surprendre ; il ne s'agit que d'ouvrir le terrein à l'endroit même de la taupinière la plus récente. L'animal cherche à boucher cette ouverture importune ; il y vient travailler. Alors, avec la bêche ou une houe on l'enlève et on le tue. On peut aussi se servir des deux piéges de fer, que l'on adosse, ou bien du buhot, autre piége en bois, que l'on place de même. Comme la Taupe est du nombre des

---

(*) On trouve chez l'éditeur de cet ouvrage, l'*Art du Taupier*, ou Méthode amusante pour prendre les Taupes, par DRALET ; brochure in-8° ; prix : 60 cent.

12*

animaux que l'on peut empoisonner avec la noix vomique, on la fait périr en jetant dans ses galeries, que l'on recouvre soigneusement, quelques appâts, tels que des noix, des marrons, des vers, cuits avec le poison indiqué.

TIQUET; VERS DE TERRE, etc. C'est avec une infusion de substances amères, telles que la suie, le brou de noix, les feuilles du noyer, celles de l'absinthe, celles de la rue, que l'on doit arroser la terre où l'on voit ces insectes nuire aux plantes. Ces arrosemens les chassent, et en font même périr un grand nombre.

Nous ne parlerons pas des Oiseaux qui font quelquefois une guerre si dévastatrice aux fruits et aux légumes. Le Geai, le Merle, les Moineaux, les Mésanges, et une foule d'autres oiseaux, attaquent les Cerises, les Guignes, les petits Pois, les graines qui commencent à mûrir des Salsifis, et de plusieurs autres légumes. Quelquefois on se contente de les épouvanter avec de vieux vêtemens de couleur prononcée, avec des animaux empaillés avec des moulinets bruyans tournant au moindre vent; on en prend aussi avec la glu, on les effraie à coups de fusil. Tous ces moyens sont fort peu efficaces malheureusement. Il faut les employer tous à *la* fois et ne pas se rebuter. Le *Manuel du Chasseur* (*) forme un traité complet sur cette matière importante : c'est le cas d'y chercher, plutôt qu'ici, les recettes que cet utile ouvrage contient, et que, vu le peu d'étendue de notre volume, nous ne pouvons qu'indiquer aux personnes qui peuvent avoir besoin d'y recourir.

(*) *Manuel du Chasseur et des Gard s-Chasse*, etc., par M. DE MERSAN, 1 gros vol. in-18, avec fig,; prix : 3 fr. A Paris, chez RAYNAL, Libraire, rue Payée-Saint-André, n°. 13.

CHAPITRE XV.

CONSIDÉRATIONS SUR LA VÉGÉTATION EN GÉNÉRAL,
ET SUR LE JARDINAGE EN PARTICULIER.

Nous avons indiqué rapidement, dans notre second chapitre, quelles étaient les variétés principales des terres que l'on peut soumettre à la culture : nous avons ensuite fait connaître divers modes de les employer pour leur faire produire soit des Légumes, soit des Arbres Fruitiers, soit des Fleurs, soit des Arbustes et des Arbrisseaux d'Agrément. Il nous a paru convenable, en suivant toujours avec ordre et méthode les travaux que doit faire un jardinier intelligent, de fixer mois par mois les principales opérations auxquelles il doit se livrer pour tirer de ses cultures le produit le plus avantageux. Nous n'avons pas négligé de donner les conseils nécessaires pour la Récolte et la Conservation des Graines, de la bonne qualité desquelles dépend essentiellement une forte végétation, une reproduction satisfesante, et la propagation des belles variétés. Notre tâche eût été incomplète, si, après ces préceptes et ces instructions, nous n'avions pas consacré quelques pages à la Destruction des animaux nuisibles, qui, s'ils ne sont pas poursuivis et exterminés, diminuent considérablement et souvent anéantissent tout-à-fait le produit, si chèrement acheté, de longs travaux et de coûteuses dépenses.

Il nous semble qu'après nous être étendus sur ces matières autant que la nature de ce volume peut le comporter, il nous reste, pour compléter notre ouvrage, à présenter succinctement quelques considérations sur la végétation en général et sur la culture des jardins en particulier. Nous les destinons aux personnes qui ont eu le désir ou le temps d'éclairer la pratique par la théorie, qui ne veulent pas se traîner en aveugles sur les traces de leurs devanciers, et qui aiment à se rendre compte de ce qu'elles font ainsi que des résultats qu'elles obtiennent.

Il ne suffit pas d'avoir établi les graines ou les plantes dans un terrain et à une exposition qui leur conviennent. Il est nécessaire, pour que leur végétation obtienne tout le succès qu'on en doit attendre, de leur procurer l'air, la lumière, la chaleur et l'humidité dont elles ont besoin.

§ Ier. *Végétation.*

La végétation est aux plantes ce que la vie proprement dite est aux animaux. En effet, la végétation est la vie de la plante qui naît, se nourrit, croît, se propage, passe à la décrépitude, et arrive à la mort.

Moins parfaite dans son organisation que les animaux, la plante sort aussi d'un germe fécondé, reçoit l'existence, et puise la nourriture dans diverses substances, les unes légères, les autres solides, telles que l'air, la chaleur, la lumière, la terre et l'eau, qui concourent, diversement modifiés, au phénomène de la végétation.

AIR.

Tandis que l'une des parties principales qui constituent l'air de l'atmosphère, l'Oxigène, sert à entretenir la respiration des animaux, l'Acide carbonique contribue puissamment à la végétation des plantes.

L'Air se dilate ou s'étend par la chaleur : le froid au contraire le condense ou le resserre. Il a la propriété fort importante de dissoudre l'eau à un certain degré de température, et, lorsque cette température baisse, d'abandonner à la terre l'eau qu'il avait élevée : c'est de là que proviennent plusieurs phénomènes, bien sensibles pour les moindres observateurs, l'évaporation, les brouillards, les nuages et les pluies.

Les variations atmosphériques accroissent ou diminuent la chaleur, le froid, l'humidité et les autres météores, et par conséquent exercent une grande influence sur la végétation, soit en bien, si elles déterminent une proportion convenable de ces agens, soit en mal, si la proportion est ou trop forte ou trop faible. C'est à favoriser les effets avantageux, à neutraliser ou du moins à diminuer les résultats funestes, que doit tendre l'art du cultivateur. Ainsi il augmente la chaleur par l'exposition au sud et à l'abri des vents du nord et de l'est, par le couvert des bâches, des paillassons, des cloches, des châssis et des serres; ainsi il arrête la trop grande intensité du calorique, en procurant des courans d'air et de l'ombrage. Ainsi il arrose quand il fait trop sec; ou il facilite l'écoulement des eaux quand elles afflueraient en trop grande quantité. Ainsi il bine et serfouit la terre, afin de la rendre plus légère et plus poreuse, pour introduire vers les racines des végétaux l'air, la chaleur et l'humidité; ainsi il charge ces racines de terre plus forte et plus compacte, pour donner à l'acide carbonique le temps de s'y accumuler.

Les plantes absorbent, pendant la nuit, l'oxigène de l'atmosphère qui sert à leur végétation ; combiné avec le carbone, cet oxigène produit de l'acide carbonique, et, lorsque la lumière luit sur les végétaux, elle opère la décomposition de l'acide carbonique, et rend à l'atmosphère l'oxigène qui a été produit. Elles croîtront d'autant mieux, elles prospéreront d'autant plus sûrement, qu'elles seront mieux exposées à l'air libre ou que l'air dans lequel elles vivent sous les cloches ou dans les serres, sera plus souvent renouvelé, et que d'ailleurs elles ne manqueront ni de chaleur ni d'humidité.

CHALEUR.

C'est à un degré convenable de Chaleur, l'un des principaux agens de la vie et de la végétation, qu'est due la marche de la sève qui cesse de couler dès que la température de l'atmosphère est descendue à un terme voisin de la glace. Aussi, dès que les premières chaleurs du printemps ou bien celles que fournit le feu des serres viennent à se faire sentir, la sève se ramollit dans les canaux où elle circule ; elle se met en mouvement ; les bourgeons des plantes commencent à grossir et les germes des graines à se développer. Tel est le premier effet du calorique.

Lorsqu'il a pénétré la terre, la chaleur agissant sur les racines, elles pompent l'eau et les autres sucs alimentaires que le sol leur procure. Alors la sève s'élève des racines au sommet des rameaux, en s'élaborant de plus en plus dans sa marche.

Les feuilles ne tardent pas à se développer et à parvenir à leur accroissement naturel. C'est alors que, par les pores dont elles sont pourvues, elles aspirent et pompent les fluides atmosphériques qui leur conviennent, soit eau, soit gaz, pour concourir à la nourriture des végétaux. Les feuilles rendent aussi par expiration quelques gaz et rejettent quelques excrétions.

La végétation embrasse plusieurs périodes successives : d'abord la sève accumulée dans les racines de toutes les plantes et dans l'aubier des arbres, se met en mouvement dès qu'elle éprouve les effets de la chaleur, soit naturelle, soit artificielle ; ensuite les racines pompent les sucs qui se trouvent à leur proximité, et les portent dans le cœur des végétaux, à la nourriture et à l'accroissement desquels ces sucs contribuent puissamment ; enfin les feuilles développées deviennent l'organe de la nutrition, organe si important, qu'après avoir formé les fruits ou graines, elles portent abondamment la nourriture dans le tissu de l'aubier et des racines où elle s'amasse, et n'attend

que le retour de la chaleur pour recommencer
à se mettre en mouvement et fournir les premiers développemens de végétation de l'année
suivante.

LUMIÈRE.

Sans la Lumière, toute végétation est incomplète. De même que la chaleur, elle n'a-
git pas comme aliment, mais comme stimu-
lant. Sans cet agent, les plantes n'ont pas de
couleur ; elles sont privées de vigueur, et ré-
duites à une saveur insignifiante; leurs principes constitutifs sont imparfaitement élabo-
rés. Ainsi les herbages qui sont trop à l'ombre,
les chicorées que l'on a liées, ou couvertes
d'une tuile, ou fait pousser dans le sable à la
cave, ne présentent qu'un feuillage pâle et
blanc; ainsi la pomme du chou, verte à l'extérieur, qui est frappé par la lumière, est
blanche dans l'intérieur qui en est privé.

TERRE.

Nous avons, en peu de mots, parlé des
principales variétés de terre végétale, dans
notre second chapitre (pages 6 et 7). Pour ne
pas manquer au plan que nous nous sommes
tracé, il nous suffisait d'indiquer très-succinc-
tement cette matière aux personnes qui se
livrent à la culture sans s'occuper d'autre

chose que de la pratique du jardinage. Nous traiterons ici cet objet d'une manière plus étendue, en faveur des propriétaires qui veulent se rendre compte des opérations de la nature pour mieux diriger celles de l'art.

Le Sol Sablonneux ou siliceux est nécessairement aride : l'eau le traverse sans pouvoir pénétrer ses parties. Il est très-meuble ; il se mouille et se dessèche facilement. Comme il a peu de consistance, les racines s'y empatent mal, elles sont exposées à être constamment ébranlées et brisées ; mais quand cette espèce de sol est combinée avec des terres plus solides, dans une proportion convenable, il est très-productif, en ce qu'il est léger, qu'il est perméable aux divers météores, et que, facile à échauffer par le soleil, il donne des fruits très-savoureux. Les terrains sablonneux sont plus précoces que tous les autres, et quand ils sont mélangés, ils conviennent parfaitement aux arbres et aux plantes à fortes racines, parce qu'elles n'éprouvent pas d'obstacle pour se développer. Parmi les produits des jardins, les salsifis, les carottes, les navets, les panais, les betteraves, les raves et les radis, les pommes-de-terre, prospèrent dans cette sorte de terrain où ils acquièrent une saveur exquise. Il n'est pas moins avantageux aux melons, aux potirons, aux concombres, aux ognons, aux aulx, aux échalottes, aux asperges, et même à plusieurs variétés de choux. Les semis, les pépinières, les primeurs du jardinage, n'y réussissent pas moins. La culture en est facile et par conséquent peu coûteuse, soit qu'on laboure, soit qu'on bêche, soit que l'on bine. Le sable, combiné avec l'humus des feuillages et des petits rameaux, produit la terre ou, pour mieux dire, le terreau que l'on appelle de bruyère, parce qu'il se trouve principalement sous cet arbuste. Le meilleur engrais pour les terres sablonneuses est celui qui sert à les lier ; ainsi le fumier de bêtes à cornes est le meilleur de tous. La terre qui se combine le plus profitablement avec les sables est l'argile, la glaise et la marne argileuse, parce qu'elles ont la propriété de retenir l'eau, et qu'elles unissent les molécules trop divisées du terrain. Il est donc évident que la chaux et les engrais qui proviennent des pigeons, des chevaux et des bêtes à laine ne valent rien pour ces sortes de terres.

Le Sol Argileux présente des inconvéniens tout-à-fait opposés au Sol Sablonneux. En effet, il se gerce, il est tenace, compact et dur quand il est sec ; s'il est mouillé, il devient pâteux, visqueux, et il garde trop long-temps l'eau qui ne peut le traverser facilement. Les racines s'y enfoncent avec la plus grande peine ; elles s'y échauffent, et y pourrissent quelquefois dans les hivers trop long-temps humides. Il faut donc qu'un tel sol soit divisé pour être cultivé avec succès. On doit y introduire des sables, des craies, des marnes, de la chaux, du plâtre, et, parmi les engrais proprement dits, les fumiers de cheval, de mulet, de brebis et de volailles ; la poudrette, et toute sorte de végétaux consommés en terreaux ou enfouis à l'époque de leur floraison. Les fèves de marais, les grands choux, et quelques autres légumes, viennent bien dans les terres argileuses, lorsqu'elles ont reçu des mélanges introduits à propos et qu'elles ont été bêchées avec soin. Il est convenable de relever, à la fin de l'automne, ces terres en rayons qui, pendant l'hiver, se mûrissent, se divisent, s'ameublissent. Au printemps, elles se manient plus facilement et acquièrent plus de légèreté. On peut encore rendre productives les terres argileuses en les écobuant, c'est-à-dire en les soumettant à l'action du feu, après en avoir relevé et fait sécher au soleil les mottes découpées par un temps favorable. Le feu détruit la partie visqueuse qui lie trop fortement les molécules de l'argile, et la prépare à devenir poreuse, par conséquent plus facile à pénétrer par les pluies, l'air et la chaleur.

Le Sol Calcaire est léger, poreux et sec; il s'égraine facilement; l'eau y pénètre promptement, et s'en évapore en peu de temps. Naturellement divisé, il exige moins de labours et les veut moins profonds que les terres compactes. Il convient aux arbres à fortes racines, aux plantes pivotantes, et à tous les végétaux qui aiment à plonger sans obstacle dans un terrain poreux où l'air, la chaleur et l'humidité pénètrent aisément. Les craies et les marnes appartiennent à cette variété de sol. Considéré comme amendement, il peut, soit dans son état naturel, s'il est friable, soit réduit en chaux par l'action du feu, servir à diviser les terres trop compactes. Quand les terres calcaires sont trop divisées, on peut les lier avec des argiles et des engrais de bêtes à cornes. Au surplus, toute espèce de fumier leur convient ordinairement. Les productions de ce sol sont en général de bonne qualité.

De ces trois variétés principales de terres, aucune ne se trouve dans son état de pureté : elles sont plus ou moins mélangées entre elles; l'une d'elles est seulement dominante, et suffit alors pour déterminer en sa faveur la dénomination imposée pour la caractériser.

Au surplus, tout terrain convient à la végétation, 1°. quand il est assez léger et poreux pour que l'air et la chaleur le pénètrent à quelque profondeur, pour que l'humidité s'y insinue facilement et n'y séjourne pas trop long-temps; alors les racines s'enfoncent et se distribuent sans obstacle; 2°. quand il a une consistance suffisante pour que les racines ne soient pas exposées à être continuellement ébranlées ou même brisées; quand il retient l'eau assez long-temps pour donner à ces racines le temps d'y puiser les sucs convenables.

Toute terre s'améliore par les amendemens et les compôts, par les fumiers et par les labours. Comme il importe de diviser les terres trop compactes et de lier les terres trop légères, il faut, dans l'emploi des amendemens et des engrais, agir en conséquence de ce principe. Les fumiers même ont des propriétés différentes qu'il faut aussi distinguer. Ainsi, dans les terres légères, on emploiera de préférence les fumiers consommés, gras et liés, surtout ceux qui proviennent des bêtes à corne; et dans les terres compactes, on fera de préférence usage de litières ou fumiers longs, de végétaux en fleurs, de ramilles de genêts et de bruyères, afin d'y faciliter l'entrée de l'air et des météores.

EAU.

L'Eau est un des alimens les plus nécessaires à la végétation des plantes. Il en est même qui ne vivent que dans l'eau, tandis que les autres en exigent plus ou moins. Elles l'absorbent par leurs racines et par leurs feuilles. On peut accélérer la végétation en arrosant avec de l'eau dans laquelle on introduit à petite dose de l'acide carbonique. Les eaux dans lesquelles se trouvent décomposées des substances soit végétales, soit surtout animales, facilitent l'accroissement des plantes. C'est par la surface supérieure des feuilles que s'opère leur transpiration aqueuse, comme c'est par ce point qu'elles ont absorbé l'humidité soit de l'atmosphère, soit des pluies.

Comme l'eau est l'une des principales bases de la végétation, il faut, pendant les sécheresses, la procurer aux plantes qui en ont besoin et qui sans elle ne tarderaient pas à périr. L'arrosement sera d'autant plus profitable, que l'eau sera moins froide et crue; qu'elle sera versée peu à peu avec l'arrosoir, de manière à lui donner le temps de s'introduire dans la terre; que l'opération aura lieu à un moment où la présence du soleil ne fera pas craindre une prompte évaporation, ni le froid des nuits la conversion de l'humidité en petits glaçons. Ainsi, quand il fait chaud, il faut arroser le soir, un peu avant le coucher du soleil, et, quand on craint une nuit froide, un peu avant son lever. Dans tous les cas, à moins que l'on n'emploie de l'eau de mare, d'étang ou d'un courant exposé au soleil, il faut placer quelque temps l'eau au grand air, afin qu'elle s'y échauffe et perde de sa crudité.

Quelques plantes, comme le céleri, les porreaux, les choux et les racines, demandent des arrosemens abondans; l'ognon, l'ail et l'échalotte, en veulent très-peu ; les melons et les autres cucurbitacées, craignent l'humidité : lorsque les longues sécheresses forcent à les arroser, il faut se servir de l'arrosoir à bec, afin de n'introduire l'eau qu'au pied de la plante, et de ne pas en répandre sur les feuilles qui souffriraient d'autant plus, que le temps serait plus sec.

§ II. *Jardinage.*

En général on divise les Jardins en Potager, en Fruitier, en Fleuriste et en Paysager. Nous ne parlerons ni du Jardin botanique, ni de l'ancien Jardin décoré ou Jardin français : l'un est d'un usage peu fréquent, et se trouve réservé à quelques établissemens d'instruction publique ; l'autre n'est plus guère d'usage, et ne mérite pas d'être encouragé.

Chacun de ces Jardins exige une culture différente et même un terrain, comme une exposition distincts.

JARDIN POTAGER.

Le Jardin destiné aux légumes, dont plusieurs ont des racines pivotantes très-profondes, exige un sol bien défoncé, une terre meuble, une exposition au sud ou au sud-est, un fonds frais sans être humide, et sain sans être aride. Il doit être à l'abri des vents du nord et de l'est, qui détruisent les premiers semis, refroidissent le sol, et gèlent les jeunes plantes; il sera à couvert des vents d'ouest qui brisent et déplacent les cultures, les rames des haricots, et les plantes qui ont un peu de hauteur.

L'eau, pour les arrosemens, doit être à proximité, ainsi qu'une fosse pour jeter les sarclures et les plantes ou légumes de rebut qui s'y convertissent en terreau.

On peut donner aux carrés l'étendue que l'on veut, pourvu toutefois que les planches n'aient pas plus d'un mètre un tiers environ (4 pieds), afin que d'un côté à l'autre on puisse serfouir, biner, sarcler et cueillir sans être exposé à les piétiner.

Chaque carré, divisé en planches, doit présenter sur chacune de ses faces, le long des allées, une plate-bande large d'un mètre tout au plus (2 à 3 pieds). On la garnit d'une bordure de fraisiers du côté des planches, et d'o-

seilles et autres fournitures du côté des allées :
c'est le moyen de fouler moins les plates-
bandes et les planches, parce que les fraisiers
ne réclament que peu de soins et que la récolte n'est pas longue à faire, tandis que l'on
recueille à des intervalles rapprochés le produit des fournitures.

La terre de ce Jardin sera profonde, bien
amendée par des terreaux, par des fumiers,
labourée à fond, serfouie fréquemment, proprement sarclée ; pendant les hivers, les parties non occupées seront mises en rayons,
pour que la terre se mûrisse et soit plus meuble. Les engrais dépendent de la nature des
légumes qu'on doit élever sur eux. Ainsi on
emploiera le fumier, la litière même, pour
les haricots, les pois, les fèves, l'ognon, et
toutes les plantes qui tracent et ne s'enfoncent
pas ; on usera de terreau pour les racines et
pour les plantes qui s'enfoncent beaucoup. Les
charrées, les cendres, les brûlis de sarclures
desséchées seront réservés pour contribuer à
recouvrir les semis d'ognons, de porreaux,
ainsi que de toutes les autres graines qui sont
légères et ne lèvent qu'avec difficulté.

Les quenouilles doivent être préférées pour
les plates-bandes aux espaliers qui empêchent
la circulation de l'air et les bons effets du soleil, à moins que l'exposition du jardin et la
nature habituellement sèche de son sol ne

fassent désirer de l'ombrage, et ne fassent craindre les courans d'air trop multipliés.

Dans le terreau et sur les engrais en général, les légumes sont plus beaux et plus tendres; mais ils ont moins de saveur. C'est l'effet que produisent aussi les arrosemens trop répétés et trop considérables.

Pour les jardins potagers, le meilleur engrais se compose de fumier de cheval et des autres bêtes de somme, de fumier de bêtes à laine et de volailles. Toutefois il est bon de mettre de temps en temps du fumier de vache, afin de lier la terre qu'il est à propos de ne diviser que jusqu'à un certain point.

Quoique l'on fixe des époques pour les ensemencemens et les opérations du jardinage, nous ferons remarquer que l'on ne peut les indiquer qu'approximativement. En effet, telle année est précoce; tel terrain, telle exposition, se mettent de bonne heure en mouvement de végétation, tandis que, dans d'autres années, et dans un sol différent, la végétation est retardée. C'est donc à l'intelligence du jardinier à décider quel est le moment favorable. Nous donnons pour chaque mois un tableau ou calendrier végétal et naturel, plus sûr que les indications des almanachs astronomiques : il est à propos de le consulter. Quand telle plante est en fleur, que tel arbre se revêt de son feuillage, on peut croire que la terre est assez échauffée pour recevoir certaines semailles et certaines cultures. Il est effectivement des années qui diffèrent des autres d'un mois, soit en avance, soit en retard.

Quant aux ensemencemens, on sèmera plus de graine si le temps est froid que s'il fait chaud, s'il est plutôt sec qu'humide.

Les soins du jardinage sont multipliés : bêcher, ensemencer, serfouir, arroser, sarcler, tailler, arracher et remplacer, transplanter, recueillir, faire la guerre aux plantes parasites, aux insectes et aux animaux nuisibles : telles sont les occupations continuelles d'un jardinier actif et intelligent.

JARDIN FRUITIER.

Différent du Verger, qui n'admet guère que des arbres de haute proportion, qu'on abandonne à eux-mêmes, le Jardin Fruitier est planté d'arbres que l'on cultive et taille annuellement.

C'est une erreur de répéter, d'après Charles Perrault, que c'est à La Quintinye qu'on doit la connaissance de la taille des espaliers : elle est beaucoup plus ancienne que ce célèbre agronome. Quoi qu'il en soit, il mit en honneur la science du jardinage, et perfectionna quelques méthodes. Les jardiniers de Montreuil, près de Paris, ont porté très-loin la taille des pêchers, et par conséquent celle de tout espalier bien tenu.

Comme cette espèce de jardin n'a pas besoin d'autant de fraîcheur et d'humidité que le jardin potager, on peut le placer sur un coteau, dans un lieu sec et même un peu pierreux : les fruits n'en auront que plus de saveur.

Le Jardin Fruitier a besoin non seulement de bons abris, mais de murs solides, élevés et bien recrépis. Comme plusieurs variétés d'arbres fleurissent de bonne heure, il est nécessaire qu'ils soient protégés contre les vents du nord et de l'est qui gèlent les étamines, et contre les vents d'ouest qui les dispersent et brisent les jeunes rameaux en fleurs.

M. Dumont de Courset a proposé avec raison de substituer à la forme carrée que l'on donne ordinairement à ces sortes de jardins, la forme du Trapèze, dont on place au sud le plus grand des côtés parallèles, et dont les côtés divergens sont les plus longs. Il résulte d'une telle disposition l'avantage de procurer plus long-temps aux espaliers de ces deux côtés l'aspect du soleil.

Afin d'obtenir un plus grand nombre d'espaliers, on peut multiplier dans l'intérieur du jardin les murs propres à les recevoir. Montreuil fournit en ce genre les meilleurs modèles à suivre. L'air ne circulerait pas suffisamment, et le soleil aurait quelquefois trop de force, si on donnait à ces divisions intérieures moins de vingt-quatre ou vingt-cinq mètres (75 pieds au moins) de largeur. On les élèvera de trois mètres (9 à 10 pieds).

On place au sud et au sud-est, et en général aux meilleures expositions, les espaliers que l'on estime le plus, tels que les pêchers, les abricotiers et les bonnes variétés de poiriers. La plate-bande, le long des murs, est plantée de contre-espaliers, et celle qui leur fait face le doit être de quenouilles, de buissons et d'éventails, tous arbres de bon rapport, parce que les mauvais vents ont peu d'action dans un jardin bien disposé comme nous venons de l'indiquer. Lors même que l'on mettrait en gazon ou en prairie artificielle l'intérieur du Jardin Fruitier, il faudrait conserver et bêcher les plates-bandes, afin de tenir au pied des arbres la terre meuble, poreuse et nétoyée.

La culture, indépendamment de la taille, consiste à couper les bois morts, à enlever les mousses et les lichens, à écheniller avec soin, à renouveler par de bonne terre, mais non par des fumiers, la terre qui serait épuisée autour des racines, à bêcher une fois par an, et à biner cinq ou six fois.

JARDIN FLEURISTE.

De même que les Jardins dont nous venons de parler, le Jardin Fleuriste doit être entouré de murs qui le mettent à l'abri non seulement des vents froids, afin qu'il soit précoce et que les plantes n'y souffrent pas, mais encore des vents orageux de l'ouest, qui fatiguent les fleurs, les flétrissent, et hâtent leur altération.

Il faut aussi, pour le Jardin Fleuriste, avoir de l'eau à proximité, afin d'arroser lorsqu'il est nécessaire. On se procure des couches, des châssis, des bâches, pour les fleurs dont l'éducation est difficile ; des pots pour distribuer sur des gradins ou placer dans les appartemens quelques fleurs d'affection ; un emplacement ombragé pour quelques boutures et quelques semis ; un dépôt pour les terreaux, les terres de bruyère, le sable même et le tan, afin de trouver sur-le champ les choses dont on peut avoir besoin.

Ces Jardins, dont le nombre diminue de jour en jour, parce qu'ils font place aux Jardins Paysagers, admettent toutes sortes de distributions et de compartimens, les bordures, les plates-bandes, les carrés, les losanges, etc. Quoi qu'il en soit, les plates-bandes et les compartimens figurés ne doivent pas être larges de plus d'un mètre à un mètre et demi (3 à 4 pieds et demi), afin que l'on puisse facilement les travailler et les soigner.

On borde ordinairement ces divisions avec des buis, des primevères, des œillets plumeux, des statices vulgaires, du petit pied-d'alouette, ou avec des planches de chêne peintes à l'huile, ou des dalles de pierre taillée, afin de maintenir la régularité des distributions.

Le placement des fleurs et des petits arbustes dépend du goût de celui qui préside à la composition de ce jardin. Toutefois on doit avoir soin de les établir de manière qu'ils produisent un effet agréable par l'assortiment et le contraste des couleurs, par la succession des fleurs, par une symétrie gracieuse.

La propreté, si utile partout, est nécessaire, est indispensable dans le Jardin Fleuriste, qui est un objet d'ornement et de luxe, et qui doit une grande partie de son mérite à son élégance et à sa parure soigneusement entretenues.

JARDIN PAYSAGER.

Mal à propos nommé Jardin Anglais, puisqu'il est véritablement chinois, le Jardin Paysager obtient de jour en jour, grâce aux

progrès du bon goût, un triomphe plus marqué sur les anciens Jardins Français, trop
parés pour être beaux, et trop éloignés de la
nature pour ne pas présenter dans leur monotonie un coup d'œil fatigant et même fastidieux.

Le Jardin Paysager peut s'établir à peu près
partout. Il admet toute sorte de distributions et
de cultures; il n'exclut pas moins le désordre
que la symétrie. C'est la nature qu'on doit
imiter dans ce qu'elle offre d'agréable. Ainsi
les massifs seront variés, les arbres se grouperont ou s'isoleront avec grâce, les sentiers
ne seront ni trop souvent droits, ni trop
tortueux; l'harmonie ne sera pas monotone;
les oppositions ne seront pas heurtées et cho·
quantes.

Un tel jardin sera d'autant plus beau, qu'il
offrira des eaux courantes, des cascades, des
bosquets, des massifs, des gazons et de vertes
pelouses, de grands arbres tantôt isolés, tantôt
groupés dans des masses, des arbres verts et
des arbres remarquables soit par leur feuillage, soit par leurs fleurs, soit par leurs fruits
éclatans, des rochers, des ravins, des pentes,
et tous ces accidens rapprochés que la nature
présente épars et fort au loin, lorsque l'art
ne lui a pas fait subir la tyrannie ou le caprice
de ses lois. On doit veiller à ménager des surprises tantôt gracieuses, tantôt austères, à

quer à propos certaines vues, pour ne les
ir qu'avec convenance et lorsqu'elles peu-
t produire leur effet le plus avantageux.

omme la variété est un des principaux
mens des Jardins Paysagers, il faut y
oduire le plus grand nombre qu'il sera
ible d'arbres étrangers et d'arbres indi-
es, les placer où le terrain leur conviendra
nieux et où leur aspect sera plus agréable
plus imposant.

ous avons indiqué, dans nos chapitres **X**,
;e 153, et **XI**, page 191, les arbres de toute
ndeur dont on peut faire usage pour la
ntation des Jardins Paysagers : ce que nous
avons dit suffit pour faire connaître le ter-
a qui leur convient, l'effet qu'ils peuvent
oduire, et par conséquent quel est l'empla-
ment qu'il faut leur assigner pour en ob-
ir tout l'avantage qu'ils sont susceptibles
procurer.

FIN.

Explication de la planche, page 100.

Fig. A.   Greffe en écusson, à laquelle il ne manque plus que sa ligature. 1, sujet sur lequel on a fait une fente en T, pour y placer l'Écusson 2, garni d'un bouton et pris sur l'arbre dont on veut propager l'espèce.

Fig. B.   Greffe en fente, à laquelle il ne manque plus que sa ligature, sa poupée et sa fausse branche destinée pour que les oiseaux s'y perchent. 3, sujet avec une fente, pour y introduire la branche 4.

Fig. C.   Greffe en fente garnie de sa poupée et de sa fausse branche.

Fig. D.   Greffe en bague ou en anneau. 5, sujet sur lequel on a enlevé l'écorce pour y mettre l'anneau 6, pris sur l'espèce que l'on veut avoir.

Fig. E.   Greffe en approche avec sa ligature. 7 et 8, branches destinées à être rapprochées. 9 et 10, parties entaillées pour que le *liber* ou écorce des 2 branches se touche.

Fig. F.   Greffoir. 11, lame. 12, lame d'ivoire servant à écarter l'écorce.

Fig G.   Serpette.

TABLE DES MATIÈRES

DE LA

PRATIQUE SIMPLIFIÉE DU JARDINAGE.

13.

FIN DE LA TABLE DES MATIÈRES.

TABLE ALPHABÉTIQUE

DES PLANTES, ARBUSTES, ARBRISSEAUX ET ARBRES
DONT IL EST PARLÉ DANS CET OUVRAGE.

FIN DE LA TABLE ALPHABÉTIQUE.

Ouvrages agronomiques et économiques du même auteur, qui se trouvent à la même adresse que la Pratique simplifiée du Jardinage.

———

Du Pommier, du Poirier et du Cormier, de leurs cidres, de leurs eaux-de-vie, de leurs vinaigres, etc., etc. Paris, 1804, 2 v. in-12, fig. 3 f. 50 c.

Des Melons, de leurs variétés et de leur culture. Paris, 1810, 1 vol. in-12. 1 fr.

Des Moyens de diminuer la consommation des subsistances par l'emploi économique des substances alimentaires. Châtillon-sur-Seine, 1817, in-12, 1 fr. 25 c.

Annuaire statistique du département de l'Orne, pour les années 1808, 1809, 1810, 1811 et 1812. Alençon, 5 vol. in-12, fig. 12 fr.

L'Ecole du Jardin potager, par De Combles; sixième édition, mise en ordre, enrichie de notes et d'observations, et précédée d'une notice sur De Combles et ses ouvrages. Paris, 1822, 3 vol. in-12. 7 fr. 50 c.

Traité de la Culture des Pêchers, par De Combles; cinquième édition, revue et corrigée, avec des notes, précédée d'une notice sur De Combles et ses ouvrages. Paris, 1822, 1 vol. in-12. 1 f. 50 c.

Etrennes d'économie rurale pour l'année 1821.
1 fr. 25 c.

NOTICE DES LIVRES

QUI SE TROUVENT

CHEZ RAYNAL, LIBRAIRE,

Rue Pavée-Saint-André-des-Arcs, n° 13, A PARIS.

NOTA. — Le même se charge de toutes commissions relatives à la librairie. Les demandes auxquelles ne seront pas joints les fonds nécessaires, ou un mandat à courte date sur Paris, seront regardées comme non avenues. Les emballages et ports de lettres seront portés en facture. Les prix des livres sont marqués brochés, à l'exception de ceux indiqués autrement.

SOUSCRIPTION.

COURS COMPLET ET SIMPLIFIÉ D'AGRICULTURE *et d'Économie rurale et domestique.* 6 vol. in-12, chacun de 300 à 400 pages; par un collaborateur du *Cours complet d'Agriculture,* rédigé d'après Rozier, et qui parut en 1809.

La distribution des principales matières de ce nouveau Cours d'Agriculture fera connaître et apprécier le mérite d'un travail qui, dans l'état actuel de nos connaissances, est en quelque sorte devenu indispensable, pour les répandre de plus en plus, et mettre toutes les classes agricoles à portée de profiter des saines notions dont le premier des arts s'est enrichi.

Voici de quelles matières seront composés les six volumes que nous allons offrir au Public :

Ier. VOLUME. Principes d'Agriculture générale. — Assolemens et rotation de culture. — Labourage. — Engrais. — Cultures diveres. — Céréales. — Prairies artificielles. — Année du Cultivateur.

IIe. VOLUME. Herbages. — Prés. — Bestiaux et art vétérinaire. — Laiterie; Beurres; Fromages.

IIIe VOLUME. Pépinières. — Plantations. — Bois. — Marais. Etangs.

IVe VOLUME. Vignes et Vins. — Pommier et Cidres. — Poirier et Poirés. — Houblon et Bierre. — Boissons diverses. — Eaux-de-Vie. — Vinaigres.

Ve VOLUME. Économie domestique. — Subsistances. — Meûnerie et Boulangerie. Succédanées du pain. — Récolte et conservation des Fruits; leur emploi. — Cuisine; Office. — Secrets et Recettes. — Amusemens champêtres de Chasse et de Pêche.

VIe VOLUME. Jardins. — Potager. — Verger. — Parterre et Fleurs. — Jardins paysagers, etc.

Conditions de la Souscription.

Chacun de ces volumes, de format in-12 et de 300 à 400 pages, sera du prix de 3 fr. 50 c., et 4 fr. 25 c. par la poste. Il en paraîtra un de deux en deux mois. Les personnes qui n'auront pas souscrit d'ici au 1er mai 1824, époque à laquelle paraîtra le premier volume, paieront chaque volume 50 centimes de plus que les souscripteurs.

Pour être souscripteur, il suffit de se faire inscrire et de s'engager à retirer les volumes au fur et à mesure de leur mise en vente.

Les lettres doivent être affranchies.

Ouvrages principalement sur le Jardinage, l'Agriculture et l'Economie rurale.

PRATIQUE SIMPLIFIÉE DU JARDINAGE, à l'usage des personnes qui cultivent elles-mêmes un petit domaine contenant un potager, une pépinière, un verger, des espaliers, des serres, des orangeries et un parterre; suivie de *l'Année du Jardinier*, ou Travaux à faire pendant l'année dans un jardin, par M. Louis Du Bois, membre de plusieurs Académies françaises et étrangères, l'un des collaborateurs du *Cours complet d'Agriculture*, etc.; deuxième édition, augmentée d'un traité sur la récolte et la conservation des graines et le temps de leur durée; suivi de la manière de détruire les animaux et les insectes nuisibles au jardinage. 1 v. in-12; 1824. Prix : 3 fr., et 3 fr. 75 c. par la poste.

Ce petit traité est très-complet; les matières y son classées avec méthode, traitées avec clarté, et présentées dans un style simple et pur. On peut donc regarder cette Pratique simplifiée, comme le manuel le moins cher et le plus complet que puissent se procurer les jardiniers ainsi que les amateurs de la culture des jardins.

ABRÉGÉ DE L'ART VÉTÉRINAIRE, ou Description raisonnée des Maladies du cheval et de leur traitement; suivie de l'anatomie et de la physiologie du pied; et des principes de la ferrure; avec des observations sur le régime, la nourriture et l'exercice du cheval, et sur les moyens particuliers d'entretenir en bon état les chevaux de poste et de course; par J. White, ex-médecin-vétérinaire des dragons royaux d'Angleterre. Dédié à Son Altesse Royale le duc d'York. 11e édition. Traduit de l'anglais, par Henri Germain; annoté par Delaguette,

vétérinaire des gardes-du-corps du Roi. 1 vol. in-12.
3 fr. 50 c., et 4 fr. 25 c. par la poste.

Propager les moyens de soigner l'éducation du plus précieux des animaux, de prévenir les maladies qui l'affligent, d'en reconnaître l'existence à la première invasion, d'en arrêter les progrès, et de les combattre par les meilleurs moyens curatifs : tel est le but de cet ouvrage, qui a eu le plus grand succès en Angleterre.

M. White a eu principalement en vue de mettre la science vétérinaire à la portée des éleveurs et des propriétaires, et de les faire profiter de connaissances acquises par plusieurs années de service dans l'armée anglaise.

Pour compléter l'utilité de ce Traité, M. Delaguette, qui doit également à une longue expérience et à d'honorables travaux les connaissances qui le distinguent dans son art, a bien voulu le revoir et signaler par d'utiles observations les modifications qui résultent des différences de systèmes, de climat, d'habitudes et de médicamens.

PETIT COURS D'AGRICULTURE, ou Manuel du Fermier, contenant un Traité sur la physique agricole, la culture des champs, les animaux domestiques, les laiteries et la manière d'en utiliser les produits ; l'art vétérinaire, les différens modes de location, et la comptabilité d'une ferme ; par M. E.-B. de Lépinois, membre de la société d'agriculture de Provins, correspondant de la société royale et centrale de Paris, et du conseil d'agriculture établi près du ministère de l'intérieur. 1 vol. in-8°; 1821. Prix : 3 fr. 50 c., et 4 fr. 25 c. par la poste.

Cet ouvrage, classé méthodiquement, fruit d'une longue expérience, ne peut manquer d'être utile aux cultivateurs qui n'auraient pas toutes les connaissances préliminaires, et auxquels il manque souvent le temps nécessaire pour lire les ouvrages volumineux ; celui-ci leur offre l'extrait des choses indispensables à connaître

ECOLE DU JARDIN POTAGER, contenant la description exacte de toutes les plantes potagères, leur culture, les qualités de terre, les situations et les climats qui leur sont propres, leurs propriétés, les différens moyens de les multiplier, le temps de recueillir les graines, leur durée, etc.;

Suivie d'un Traité de la Culture des Péchers, par DE COMBLES sixième édition, mise en ordre, enrichie d'observations ; précédée d'une Notice sur de Combles et ses ouvrages ; par M. Louis Du Bois, membre de plusieurs académies et sociétés agronomiques de Paris, des départemens et de l'étranger ; l'un des auteurs du

Cours complet d'Agriculture, etc. 3 forts vol. in-12; 1822. Prix : 7 fr. 5o c., et 9 fr. 5o c. par la poste.

TRAITÉ DE LA CULTURE DES PÊCHERS; par De Combles. 5ᵉ édition, revue et corrigée. Précédé d'une notice sur De combles et ses ouvrages, par M. Louis Du Bois. 1 vol. in-12; 1822. Prix; 1 fr. 5o c., et 1 fr. 80 c. par la poste.

DES ARBRES A FRUIT, et nouvelle méthode d'affruiter le pommier et le poirier, fondée sur vingt-huit ans d'expériences consécutives. Avec des moyens pratiques pour faire réussir l'orme, le frêne et les peupliers sur toutes les espèces de terrains; d'après les expériences multipliées faites en grand par l'auteur. Par C. R. Fanon, propriétaire. 1 vol. in-12. 1 fr. 5o c., et 1 fr. 80 c. par la poste.

ART DU TAUPIER, ou Méthode amusante et infaillible pour prendre les taupes, suivant les procédés d'Aurignac; par Dralet. Broch. in-8°. 6o c.

LE BON JARDINIER, Almanach pour l'année 1824; par MM. Pirolle, Vilmorin et Noisette; avec planch. 1 vol. in-12. 8 fr., et 1o fr. 5o c. par la poste.

FIGURES POUR L'ALMANACH DU BON JARDINIER. 3ᵉ édition, augmentée de 12 planches. 1 vol. in-12, fig. noires. 4 fr., et 4 fr. 5o c. par la p.
—*Idem*, figures coliriées. 7 fr. 5o c., et 8 fr. par la p.

CALENDRIER DU CULTIVATEUR, contenant tout ce qu'il est essentiel de savoir pour l'acquisition, la régie, l'amélioration et l'exploitation d'une ferme, soit comme propriétaire, soit comme locataire; par Bastien, auteur de la *Nouvelle Maison rustique*. 1 vol. in-12. 3 fr., et 3 fr. 75 c. par la poste.

LE CHEVAL ET LE CAVALIER; 1 vol. in-18. Prix : 1 f. 25 c., et 1 f. 5o c. par la p. (C'est un petit traité d'équitation et des soins à donner aux chevaux.)

DE LA COMPOSITION DES PARCS ET JARDINS, ouvrage utile et instructif pour les propriétaires et les amateurs, et orné de planches; par J. Lalos, architecte. 2ᵉ édition, revue, corrigée et augmentée. 1 vol. in-8°. Prix : 9 fr., et 1o fr. 5o c. par la poste.

ETRENNES D'ÉCONOMIE RURALE ET DOMESTIQUE POUR 1822, contenant des anecdotes, des morceaux d'agriculture, de morale, de médecine, de pharmacie, etc., etc. 1 f. 25 c., et 1 f. 50 c. par la p.

ECOLE DU JARDIN FRUITIER, par M. Labretonnerie, dans laquelle on trouve l'origine des arbres fruitiers, les terres qui conviennent à chacun d'eux, le moyen de les leur approprier, et de corriger les plus mauvaises ; le choix de ses arbres, leurs plantation et transplantation, les pépinières, les différentes sortes de greffes, le temps et la manière pour les bien faire, la taille et les formes que l'on peut donner aux arbres fruitiers, le temps et la manière de les ébourgeonner, leurs maladies et accidens, etc. ; la culture particulière de chaque espèce, les usages et propriétés de leurs fruits et de leurs bois, enfin le journal de tous les ouvrages à faire dans le jardin fruitier pendant le cours de l'année. Nouvelle édition, corrigée et augmentée par l'auteur du *Bon Jardinier*. 2 gros vol. in-12 de 600 et 700 pages. 7 fr., et 9 fr. par la poste.

ELEMENS D'AGRICULTURE, par Duhamel du Monceau. 2 vol. in-12, reliés ; 1762. 6 fr.

LA FLORE JARDINIÈRE, avec 9 grandes planches représentant un nombre considérable d'objets intéressans, depuis la germination des plantes jusqu'à leur fructification ; par J.-F. Bastien. Paris, 1811. 1 fort vol. in-12. 3 fr. 50 c., et 4 fr. 25 c. par la p.

IDEES SUR LE CODE RURAL, par C.-J. L...., ex-sous-préfet ; 1821. broch. in-8°, 1 fr.

LE JARDINIER FLEURISTE, ou Culture des fleurs, arbres, etc. ; par Liger ; 1821. 1 vol. in-12, avec figures. 3 fr., et 3 fr. 75 c. par la poste.

MANUEL DES PROPRIÉTAIRES D'ABEILLES, par Lombard. 1 vol. in-8°. 2 f. 50 c., et 3 f. par la p.

DES MOYENS DE DIMINUER LA CONSOMMATION DES SUBSISTANCES, par l'emploi économique des subsistances alimentaires ; par M. Louis Du Bois. 1 vol. in-12. 1 f. 25 c., et 1 f. 50 c. par la p.

MANUEL DU LIMONADIER, DU CONFISEUR ET DU DISTILLATEUR, contenant les meilleurs procédés pour préparer le café, le chocolat, le punch, les glaces, boissons rafraîchissantes, liqueurs, fruits à l'eau-de-vie, confitures, pâtes, esprits, essences, vins artificiels, lochs, juleps, pâtisseries légères, bierre, cidre, eaux, pommades et poudres cosmétiques; vinaires de ménage et de toilette, distillation de toutes les différentes espèces d'eaux-de-vie, etc., etc., etc. Par M. Cardelli, ancien chef d'office du duc de ***. 1 gros vol. in-18. Prix : 2 fr. 50 c., et 3 fr. 25 c. par la poste.

MANUEL DE LA CUISINIÈRE de la ville et de la campagne, précédé d'un Traité sur la dissection des viandes; suivi de la manière de conserver les substances alimentaires, et d'un Traité sur les vins; par M. Cardelli, ancien chef d'office. 1 vol. in-18, orné de fig. 1823. Prix : 2 f. 50 c., et 3 f. 25 c. par la p.

MANUEL DU CHASSEUR ET DES GARDES-CHASSE, contenant un Traité sur toutes les chasses, les lois, ordonnances de police, etc.; par M. de Mersan. Nouvelle édition. 1 gros vol. in-18, fig. et musique. Prix : 3 fr., et 3 fr. 75 c. par la poste.

DES MELONS ET DE LEURS VARIÉTÉS, considérés dans leur histoire, leur physiologie, leur culture naturelle et artificielle, leurs divers usages, etc., etc.; par Louis Du Bois. 1 vol. in-12. 1 fr., et 1 fr. 25 c. par la poste.

DU POMMIER, DU POIRIER ET DU CORMIER, considérés dans leur histoire, leur physiologie, et les divers usages de leurs fruits, de leurs cidres, de leurs eaux-de-vie, de leurs vinaigres, etc.; dans la falsification des cidres rendue facile à découvrir, etc.; par rapport à l'économie rurale, à l'utilité domestique et à l'agrément. Par Louis Du Bois. 2 vol. in-12. 3 fr. 50 c., et 4 fr. 25 c. par la poste.

LE PARFAIT BOUVIER, ou Instructions concernant la connaissance des bœufs et vaches, leur âge, maladies et symptômes, avec les remèdes les plus expérimentés propres à les guérir; augmenté de deux petits Traités pour les moutons et porcs, ainsi que plusieurs remèdes pour les chevaux; par M. B... 1 vol. in-12; 1819. 2 fr., et 2 fr. 25 c. par la poste.

LE PARFAIT AGRICULTEUR, ou Dictionnaire portatif et raisonné d'agriculture, contenant les nou-

velles inventions et découvertes faites dans cet art ;
ouvrage rédigé d'après l'expérience et les avis des
agriculteurs les plus célèbres, et les traités les plus
modernes dans ces parties ; par Cousin d'Avalon.
2 vol. in-12. 5 fr., et 6 fr. 50 c. par la poste.

DE LA PRATIQUE DE L'AGRICULTURE, ou
Recueil d'essais et d'expériences dont le succès est
constaté par des pièces authentiques, publié par
Nicolas Douette-Richardot. 1 gros vol. in-8°. 6 fr.

TAILLE RAISONNÉE DES ARBRES FRUITIERS,
et autres opérations relatives à leur culture ; par
Butret. 1 vol. in-8°. 2 fr. 25 c., et 2 fr. 75 c. par la p.

Ouvrages divers.

ANTIQUITÉS ANGLO-NORMANDES de Ducarel ;
traduites de l'anglais par A. L. Lechaudé d'Anisy,
membre de l'académie royale de Caen, de celle de
Strasbourg, etc.

L'ouvrage complet formera six livraisons, qui paraîtront de
mois en mois : les deux premières sont en vente.

Chaque livraison se composera d'environ 100 pages de texte,
grand in-8°, imprimé avec un caractère neuf de la fonderie de
Firmin Didot, et de sept planches dessinées et lithographiées par
le traducteur.

Les dessins seront imprimés par Engelmann.

Le prix de chaque livraison, papier ordin. sat., est de.. 5 f.

Idem, papier vélin satiné, avec les principaux dessins
sur papier de Chine....................... 7 50 c.

Quelques amateurs ayant manifesté le desir d'avoir des épreu-
ves in-4°, on en a tiré un petit nombre sur papier de Chine, dont
le prix sera de 12 fr.

ARCHIVES ANNUELLES DE LA NORMANDIE,
historiques, monumentales, littéraires et statisti-
ques ; par M. Louis Du Bois. 1 vol. in-8°, papier
fin satiné. 5 fr., et 6 fr. par la poste.

AGENDA COMMERCIAL PERPETUEL, ou Ta-
blettes de poche, contenant le tarif des pièces d'or
et d'argent ; le rapport des anciennes mesures avec
les nouvelles ; le tarif général des coutumes adop-
tées par les commerçans sur la place de Paris, pour
les marchandises de toutes espèces qui s'y vendent,
le tarif des douanes francaises pour les denrées co-
loniales ; les différens tableaux des droits de per-

ception à l'entrepôt sur les vins, esprits et eaux-de-vie; le droit de détail et de banlieue; le tableau des intérêts d'une somme quelconque, par mois et par an, depuis 3 jusqu'à 12 pour cent, etc.; précédés par la Charte constitutionnelle, les jours d'entrée aux ministères, monumens et établissemens publics, et du tarif des places de tous les spectacles de Paris; et suivis d'un corps de feuillets blancs, à la date de chaque jour de l'année, pour marquer ses affaires et rendez-vous. 1 vol. in-18, joliment cartonné. 2 f., et 1 f. 50 c., broché, par la p.

AGENDA PERPETUEL, Historique et Militaire, dédié aux amis des sciences et des arts, et contenant, jour par jour et à leurs aniversaires, les éphémérides des événemens les plus remarquables de l'histoire universelle, depuis la naissance de Jésus-Christ jusqu'à nos jours, tels que siéges, combats, victoires et batailles mémorables, inventions, découvertes, voyages, traités de paix, naissances et morts de personnages fameux, etc. 1 vol. in-18, avec un frontispice gravé; relié en demi-reliure, à dos de maroquin, avec gousset, peau d'âne et crayon. Prix : 2 fr., et 1 fr. 50 c., broch., par la p.

RELATION D'UN VOYAGE DE DANTZICK A MARIENWERDER, par Stanislas 1er, roi de Pologne, écrite par lui-même. 1 vol. in-8°. 2e édit., ornée des portraits de ce Roi et de Marie-Charlotte Leczinska. 2 fr. 50 c., et 3 fr. par la poste.

C'est le récit ingénieux qu'un prince fait à la reine sa fille, Marie-Charlotte Leczinska, épouse de Louis XV, de la manière dont il s'est dérobé à la poursuite de ses ennemis, qui l'assiégeaient dans une ville où toutes ressources de se défendre manquaient. Il se vit obligé de fuir, et, sous l'habit d'un pauvre paysan, de passer au milieu de ceux qui avaient mis sa tête à prix.

Cette relation, sortie d'une plume royale, écrite d'un style pur, offre tout le charme et l'intérêt possibles.

LEÇONS D'UN PÈRE A SON FILS, par M. Duval, ancien avocat. 1 vol. in-8°, avec une fig. 2e édit.; 1821. 5 f., et 6 f. 25 c. par la p. Avec cette épigraphe :

> Qu'il est heureux l'enfant qui possède un bon père !...
> Où pourrait-il trouver un ami plus sincère !...

Cet ouvrage, intéressant sous tous les rapports, est le fruit de la tendre sollicitude d'un père vertueux et éclairé, qui annonce moins les prétentions d'un auteur que celles d'un guide prudent et sage. Le but de l'auteur est de préserver un fils, son unique espérance, des écueils dont la jeunesse est sans cesse environnée, et de le conduire d'une main sûre dans le sentier de l'honneur et de la vertu. Une épître en vers simples, mais non dépourvus d'élégance, précède l'ouvrage, et en donne le plan ainsi que la conduite.

TRAITÉ COMPLET DU CALENDRIER, considéré sous les rapports astronomique, commercial et historique, dans lequel on trouve les éphémérides de tous les peuples et de tous les temps, avec des méthodes aisées pour passer d'une date à une autre; par J.-L. Boyer. 1 vol. in-8°, avec planches; 1822. Prix : 8 fr., et 9 fr. 50 c. par la poste.

VIE DU GÉNÉRAL CHARETTE, commandant en chef les armées catholiques et royales dans la Vendée et dans tous les pays insurgés. Nouvelle édition. Par M. Le Bouvier Desmortiers, ancien magistrat député à la cour de Louis XVI, membre de plusieurs sociétés savantes et littéraires. 1 vol. in-8°. 7 fr., et 8 fr. 50 c. par la poste.

VAUX-DE-VIRE, D'OLIVIER BASSELIN, poëte normand de la fin du XIV° siècle; suivis d'un choix d'anciens vaux-de-vire, de bacchanales et de chansons, poésies normandes, soit inédites, soit devenues excessivement rares. Publiés avec des dissertations, des notes et des variantes; par M. Louis Du Bois. 1 vol. in-8°; 1821. papier ordinaire 7 fr., papier vélin 15 fr., et 1 fr. 25 c. pour le port.

ESPRIT DE L'ENCYCLOPÉDIE, ou Recueil des articles les plus curieux et les plus intéresans de l'Encyclopédie, en ce qui concerne l'histoire, la littérature et la philosophie; réunis et mis en ordre par M. Hennequin, l'un des collaborateurs de la Biographie universelle. Nouvelle édit., augmentée d'un grand nombre d'articles qui ne se trouvent point dans les éditions précédentes. 15 vol. in-8°. 75 f.

ENFANCE DES GRANDS HOMMES, dédiée à l'adolescence. 1 vol. in-18. 2° édit. 1 fr. 50 c. Ce petit ouvrage, orné de six jolies figures, est propre à être donné en étrennes; l'exécution en est très-soignée.

BABIOLES D'UN VIEILLARD. 1 vol. in-8°. 4 fr.; et 5 fr. par la poste.

LES RACINES DE LA LANGUE LATINE, en vers français; par Mahot, docteur-médecin. 1 vol. in-18. 75 c., et 1 fr. par la poste.

ETUDE DE LA LANGUE LATINE, précédée d'un aperçu de l'origine, des progrès et des rapports des langues latine et française; par Henri Germain, avocat. in-12. Prix : 1 fr., et 1 fr. 25 c. par la poste.

DELECTUS, ou Recueil de sentences grecques morales et religieuses, suivies de notes grammaticales et d'un lexique; mis à l'usage des colléges de France, par Henri Germain, avocat, et autorisé par le conseil royal de l'instruction publique. 1 vol. in-12. 2 fr., et 2 fr. 50 c. par la poste.

TRAITÉ DE L'ARBITRAGE FORCÉ, en matière de société commerciale; par M. P.-F. Casimir Merson, avoué près le tribunal de première instance séant à Nantes. 1 vol. in-8°. 2 fr. 50 c., et 3 fr. par la poste.

DISSERTATION SUR CETTE QUESTION, proposée par la société d'agriculture, sciences et arts; de Provins : PROVINS EST-IL L'AGENDICUM DES COMMENTAIRES DE CESAR ? par M. Barrau, docteur en médecine. 1 vol. in-12, orné d'un plan de Provins. 2 fr., et 2 fr. 25 c. par la poste.

HISTOIRE ET DESCRIPTION DE PROVINS; par M. Opoix, enrichie de jolies lithographies et d'un plan de Provins. 1 vol. in-8°. 6 fr., et 7 fr. 50 c. par la poste.

FREDERIQUE, ou LE TRESOR DE LA FAMILLE LOWEMBERG; par madame Armande Roland, auteur d'Alexandre, ou la Chaumière russe. 4 vol. in-12, ornés de 4 jolies fig. 12 fr.

LES JEUX CHAMPÊTRES DES ENFANS, suivis de l'Ile des Monstres, contes de fées, pour faire suite aux veillées du château; dédiés à S. A. S., Mgr. le duc de Chartres; par madame la comtesse de Genlis. Ornés de 8 gravures. 1 vol. in-12. 4 fr.

LE DUC D'ALENÇON, ou les frères ennemis, tragédie en trois actes; par Voltaire. Ouvrage inédit, publié pour la première fois, par M. Louis Du Bois. Brochure in-8°; 1821. Prix : papier ord. 1 fr. 50 c.; papier vélin, 3 fr.

LES JEUNES HEROINES CHRETIENNES, ou Vies édifiantes et traits d'histoire, dédiés aux jeunes personnes; par ***. 1 volume in-18, avec fig.; 1822. Prix : 1 fr. 50 c.

DEFENSE DE L'ORDRE SOCIAL contre les principes de la révolution française, par J.-B. Duvoisin. Nouvelle édition. 1 vol. in-8°. 4 fr., et 5 fr. par la p.

PHILOSOPHIE DE LA JEUNESSE. 1 v. in-18. 75 c.

DE LA PHILOSOPHIE RELIGIEUSE ET MORALE dans ses rapports avec les lumières; par Ed. Richer. 1 vol. in-8°. 1 fr. 25 c., et 1 fr. 50 c. par la poste.

VIE DE FENELON, archevêque de Cambray, rédigée d'après l'histoire de Fénélon de M. de Bausset, par F. J. L. 1 vol. in-12, 1822; avec portrait. Prix : 2 fr. 50 c.

EXAMEN DES PRINCIPAUX SYSTÈMES SUR LA NATURE DU FLUIDE ELECTRIQUE, etc.; par Le Bouvier Desmortiers. 1 vol. in-8°, avec fig. 5 fr., et 6 fr. par la poste.

EXAMEN COMPARATIF DE LA PETITE VEROLE ET DE LA VACCINE; mémoire en réponse aux questions proposées par la société académique du département de la Loire-Inférieure, pour sujet d'un prix à décerner dans la séance publique de 1821; par B. Sallion, docteur en médecine, médecin des prisons de Nantes, etc. 1 vol. in-8°. 2 fr. 50 c., et 3 fr. par la poste.

CONSIDERATIONS PRATIQUES SUR LE TRAITEMENT DE LA GONORRHEE VIRULENTE, et sur celui de la ver...; par M. Fréteau. 1 vol. 5 fr.

TRAITÉ élémentaire sur l'Emploi légitime et méthodique des émissions sanguines dans l'art de guérir, avec application des principes à chaque maladie; par M. Fréteau. 1 vol. in-8°; 1816. 5 fr.

HISTOIRE DE L'ABBAYE DE LA TRAPPE, suiv[ie] de la description de cette abbaye, des extraits de s[es] réglemens, de pièces justificatives, chartes, etc., [et] de dissertations sur les ouvrages dont la Trappe a é[té] l'objet; par M. L.-D.-B. 1 vol. in-8. Prix : 6 fr., [et] 7 fr. 50 c. par la poste.

Ouvrages sur le département de la Loire-Inférieure.

ANNE DE BRETAGNE, Reine de France, avec d[es] notes sur plusieurs monumens de Nantes et de [la] Bretagne; par M. Trébuchet. 2e édit. 1 vol. in-8° 1822. Prix : 2 fr., et 2 fr. 25 c. par la poste.

NOTICES sur les Villes et les principales Commun[es] du département de la Loire-Inférieure, et en par[ti]culier sur la ville de Nantes, où l'on trouvera [la] division du département, la population de toutes le[s] communes, et ce que le département présente d[e] plus curieux en antiquités, monumens et histoir[e] naturelle; avec une carte du département sur la quelle on a tracé une partie du canal de Bretagne par J. L. B. 1 vol. in-12. 1 fr. 50 c., et 2 fr. pa[r] la poste.

ASPECT PITTORESQUE de l'île de Noirmoutier Broch. in-18. 50 c., et 60 c. par la poste.

LE BURON ET LE CHATEAU DE BLAIN. broch[.] in-18. 50 c., et 60 c. par la poste (c'est la description de cet endroit).

CLISSON; 2e édition. 1 vol. in-18; 1822. 1 fr. 50 c., e[t] 1 fr. 75 c. par la p. (C'est la description du joli endroi[t] de ce nom, appelé à juste titre le Tivoli français.)

PROMENADE A ORVAULT, sur les rivières du Cens. in-18; 1822. 50 c., et 60 c. par la poste.

PROMENADE SUR LA RIVIÈRE D'ERDRE, DE NANTES A NORT. in-18; 1822. 50 c., et 60 par la p.

VOYAGE A L'ABBAYE DE LA TRAPPE DE MELLERAY ; par M. Ed. Richer. 1 vol. in-12. 5e édition; 1823. 2 fr. 50 c., et 3 fr. par la poste.

DE L'IMPRIMERIE D'A. ÉGRON.

9 782013 687904